Reiner Klein

Alte Waldgerechtigkeiten von Erfurt seit dem Mittelalter

der Stadt Erfurt, des Klosters Sankt Peter und Paul, Magdalenen-/Ursulinen-Kloster und Andere

Verlag Rockstuhl

Impressum

Herausgeber: Verein für Heimatgeschichte und Archäologie
St. Johannes Altenbergen / Catterfeld e.V.

Umschlaggestaltung: Harald Rockstuhl

Titelbild: 1. Auszug – Kloster und Ort Georgenthal auf einer Karte zu einem unbekannten Streit um die Haingrube, vermutlich 16. Jahrhundert (ThStAG; DD IIa Nr. 2h)

2. Auszug – Gemeindegrenze von Erfurt; Foto Reiner Klein

3. Federzeichnung Forsthaus; im Besitz Familie Menger

Rückseite: Auszug – Das Gottesholz als Jagdanlage mit Sichtachsen, die vom Wald zurückerobert wurden. (© TLBG Topographisches Feldoriginal-Urmesstischblatt 5033_Weimar_1853; Ausschnitt)

1. Auflage 2023

ISBN 978-3-95966-692-3

Satz und Layout: Reiner Klein

Druck und Bindearbeiten erfolgten in Deutschland

Gedruckt auf alterungsbeständigem Papier nach ISO 9706

Die Deutsche Nationalbibliothek verzeichnet diese Publikation in der Deutschen Nationalbibliografie. Detaillierte bibliografische Daten sind im Internet über *http://dnb.d-nb.de* abrufbar.

Verlag Rockstuhl
www.verlag-rockstuhl.de

Inhaber: Harald Rockstuhl
Mitglied des Börsenvereins des Deutschen Buchhandels e.V.
Lange Brüdergasse 12 in D-99947 Bad Langensalza/Thüringen
Telefon: 03603 / 81 22 46 Telefax: 03603 / 81 22 47
www.verlag-rockstuhl.de

Inhalt

Vorwort

In Thüringen verteilt und konzentriert im Thüringer Wald existierten verschiedene Waldbesitzungen von Klöstern, dem Deutschen Orden, der Stadt Erfurt und verschiedener Dörfer. Hierbei ging es um den freien Bezug oder den Erwerb von Bau- und Brennholz.

Wie war die Vergabe in den noch weiten Wäldern durch Könige und Kaiser vor 1000 oder 1200 Jahren oder später durch Land- und andere Grafen, Churfürsten sowie Bischöfe und Äbte?

Diese Broschüre soll Einblick gewähren in die unterschiedlichen historischen Waldgerechtigkeiten Erfurter Klöster und der Stadt Erfurt mit ihren Grenzen.

Aus dem ursprünglichen Untersuchungsgebiet bei Georgenthal mit den alten Holzgerechtigkeiten „Freiwald", „Seeberger Holz" und „Wechmarer Herrenholz mit Haingrube" ergaben sich Erkenntnisse über weitere Holzgerechtigkeiten für das Kloster Sankt Peter und Paul und der Stadt Erfurt, wie auch weiter entfernt liegende Örtlichkeiten. Ausgewertet wurden dafür Akten in Archiven, aber vor allem die fast 11`000 Urkunden der Zeit von 500 bis 1288 aus Otto Dobeneckers vierbändiger **Regesta diplomatica necnon epistolaria historiae Thuringiae**.

Ein Anspruch auf Vollständigkeit und einen gesamten Umfang wird nicht erhoben.

Reiner Klein

Einleitung

Aus dem Allgemeineigentum des Waldes wurde im frühen Mittelalter der Wald Königs- und Kaiserbesitz, eines der grundlegenden Regalien oder Privilegien der Herrscher.
Im 11. bis 13. Jahrhundert ging dieses Privileg mit dem Erstarken des Adels und von Bischöfen, sowie Äbten nach und nach an weltliche und kirchliche Fürsten über.
Es wurden sogenannte Freiwälder vergeben, oder Waldnutzungen gegen einen entsprechenden Wald- Zins, meist in Form von Hafer (Haferzins) vergeben und beurkundet.
So konnten wichtige Gewerke wie Mühlen oder Bergwerke Freiwald für Bau- und Brennholz erhalten. Aber auch bei fortschreitender Christianisierung erhielten Klöster neben Hufen*, Mansen, Äckern, Wiesen, leibeigenen- oder freien Bauern und Anderen, Wald, meist als letztes in Urkunden genannt.

* „Das Wort Hufe bezeichnet ein landwirthschaftliches Gut, welches mit einem Pfluge bestellt werden kann und demnach der Arbeitskraft einer Familie entspricht und diese ernährte. Die korrelative Fläche wurde vom Anfang des 9. bis ins 19. Jahrhundert hinein meist auf rund 30 Morgen (Fränkische Landhufe mit 30 Acker zu 11,968 Hektar) veranschlagt. Es gibt noch die Fränkische - Kleinhufe mit 15-, die Großhufe mit 60- und die Königshufe mit 120 Acker."

(Wikipedia)

Es ist daher in den folgenden Urkundentexten nicht immer eindeutig, wieviel Fläche vergeben wurde, aber für eine bäuerliche Familie von 30 Acker auszugehen.

Eine besondere Konzentration von Freien Wäldern für Dörfer findet sich zwischen Georgenthal, Tambach-Dietharz und dem Rennsteig. Östlich der Apfelstädt befindet sich das **Vitzerod** und die **Wechmarer Gemeindewaldung Haingrube**, westlich der Apfelstädt das **Seeberger Holz, der Freiwald** und **der Nägelstedter Girn**.
Der **Nägelstedter Girn** hat die früheste schriftliche Nennung und seinen Ursprung in einer Schenkung König Friedrichs II. des Heiligen Römischen Reiches vom **5. Juni 1214**. Sie ist die einzige Königsvergabe der untersuchten Gebiete!
Kaiser Friedrich II. schenkt dem Provinzial und den Deutschordenbrüdern in Thüringen ***ein Gehölz oder Wäldchen, Geher*** *genannt, bei dem Dorfe Tambach (puoddam lignetum sive silvulam prope villam Thanbach situatam, vulgariter der Geher nuncupatam), welches sein Getreuer, der Edle Rudolf, Schenk v. Vargula (Fariola), von ihm zu Lehen getragen und ihm aufgelassen hat.*
Zeugen: Albert, Erzbischof v. Magdeburg, Engelhard, Bischof v. Naumburg, Ottokar (II.), König v. Böhmen, Dietrich, Markgraf zu Meißen; die Grafen: Adolf v. Schauenburg, Gottfried v. Sponheim, Günther v. Käfernburg und Friedrich v. Beichlingen; Rudolf v. Allerstedt (Alrestete), Ludwig v. Wangenheim.

(Dob. Band 2 Nr. 1588; Original im DHStA)

Auch wenn die Urkunde eine Fälschung ist, wird an dem Inhalt nicht zu deuteln sein.

Gegründet wird der Deutschen Orden, der aus Spitalbrüdern („Pflegekräften") für die Kreuzritter hervorging, im **März 1198**.

Berthold II, Bischof von Zeitz, Hermann, Pfalzgraf von Sachsen und Landgraf von Thüringen, die Markgrafen Konrad von Landsberg und Dietrich von Meißen und andere sind zugegen, als der deutschen Spitalbruderschaft der heiligen Maria auf dem Konzile zu Accon die Würde eines Ritterordens verliehen wird. *(Dob. Band 2 Nr. 1072)*

Im Jahr **1214** schenkt König Friedrich II. dem Deutschen Orden das Armenhaus in Altenburg und in Plauen (Vogtland) gründet der Orden das „Deutsche Haus".

Freiwaldstein Nr. 9 im Spittergrund

Am **26. Januar 1222** verkauft Propst und Kapitel von Mariengreden (zu Mainz) für 100 Mark Köllner Pfennige dem Deutschen Orden ein **Gut zu Nägelstedt**, was durch den Erzbischof Siegfried (II.) bestätigt wird.
Der **Wald Geher** (Girn o. Gern, ein schmaler, keiliger Zwickel oder Streifen) wird von 1222 an, vom Komturhof Nägelstedt verwaltet und genutzt, z.B. auch zur Schafweide.

1748 war der Wald mit 67 Grenzsteinen umfriedet, von denen sich bis heute kaum welche erhalten haben.
Der Wald befindet sich am Oberlauf südlich der Spitter, mit Anschluß an den Rennsteig an der Ebertswiese und hat eine Fläche von ca. 70 Hektar. Er schmiegt sich mit dem Lauf der Spitter und Spitterfall an den Freiwald und ist 51 Kilometer und somit ca. 10 Stunden Wegzeit von Nägelstedt entfernt.

Grenzstein von 1749 östlich der Spitter wenige Meter unterhalb der Ebertswiese

Wappen am 1573 errichteten „Comthurhof Erfurt“ vom hessischen Landkomtur Johann von Rehen, des Hofmeisters Wolfgang Schutzbar und des Komturs Franz von Hatzfeld (von links)

Übersicht über die Standorte und die Zeit der Gründungen des Deutschen Ordens im Heiligen-Römischen-Reich im 13. Jahrhundert. *(Wikipedia)*

Von Thüringen aus erlangte der Deutsche Orden unter **Hermann von Salza** (* um 1162 Niedersalza bei Nordhausen oder (Bad) Langensalza, Thüringen; † 20. März 1239 in

Salerno) als **4. Hochmeister** während seiner Amtszeit von **1209 bis 1239** sehr an Bedeutung. Es erfolgt nach dem Scheitern von 4 Kreuzzügen im „Heiligen Land“ die Ausrichtung der christlichen Missionierung nach Nordosten über die Saale und Elbe und begründet im Ostseeraum das Ordensland Preußen.

Der **Freiwald** hat eine Fläche von **840 Hektar** und stellt mit der gemeinsamen Nutzung durch die 7 Ortschaften, **Uelleben, Siebleben, Grabsleben, Cobstädt, Pferdingsleben, Tröchtelborn und Tüttleben** etwas Einzigartiges in Deutschland dar.
Der Ursprung der Vergabe liegt noch im Dunkeln. Eine erste Erwähnung erfährt er 1246 und ist mit der Urkunde vom **24. März 1247** schriftlich belegt. Hierin werden die Rechte durch die Witwe des Königs Heinrich Raspe (letzter Ludowinger) **Landgräfin Beatrix von Brabant bestätigt**. Heinrich Raspe IV. war als Gegenkönig zu Kaiser Friedrich II. vom Papst und 3 Erzbischöfen, sowie von Kirchentreuen gewählt und trug den Namen „Pfaffenkönig“. Er verstarb plötzlich am 16. Februar 1247 auf der Wartburg, ein Giftanschlag wurde vermutet.
Dörfer werden bei einem „freundschaftlichen Vergleich“, im Rahmen eines Rechtsstreites vor dem höchsten Thüringer Gericht in Mittelhausen (bei Erfurt) am 15. Juli 1278 erstmals genannt. Diese sind:
Siebleben, Tüttleben, Tröchtelborn, Groß- und Klein-Weyseszes und **Grabsleben**. Eine Stelle in der Aufzählung ist freigehalten und könnte für **Uelleben** sein.
Den wesentlichen Kern der Freiwaldgerechtigkeit beinhalten Akten im Landesarchiv Gotha. Hier sind die Listen der jeweiligen Ortschaften mit den berechtigten Hofstätten abgeheftet. 1713 waren insgesamt 638 Berechtigte namentlich aufgezählt, wobei schon seit dem 15. Jahrhundert keine Neuen dazukommen durften.

Als Freiwaldgrenze dient die Freiwälder Straße, der Rodebach, die Spitter bis zur Ebertswiese, von dort der Rennsteig nach Norden bis kurz vor das Possenröder Kreuz, die Leina bis zum Ochsenbühl, von dort den Harzstieg ein Stück des Bauernweges entlang und dann rechts zum und um das Paulfeld durch das Leinertal zur Freiwaldstraße. Das Gebiet besteht aus den Forstorten **Hangweg, Gleichisch-Gehäu, Richtershög, Birkheide, Tiergarten, Langeberg, Schneckenbach, Leinertal und Michelsjohn.**
Die Freiwaldgrenze ist seit dem 19. Jahrhundert mit 24 Grenzsteinen sichtbar gewesen, wovon heute noch 18 vorhanden sind.

Freiwaldstein Nr. 3 am Neuen Haus (Vierpfennighaus) und Nr. 18 (Sängerbrücke)

Nach dem Wüstwerden der beiden Weyseszen (auch Wegesses), vermutlich im 14. Jhr., ist **Cobstädt** und **Pferdingsleben** mit berechtigt. Die Kirche von Wegesses bestand noch bis 1506.

Wichtige Bestimmungen über die Freiwaldgerechtigkeit sind ein **Lehnbrief** des Klosters Georgenthal von **1503**, die Bestimmungen des Herzogs Ernst I. (der Fromme), die ***Forst- oder Wald- Jagd- und Weidwerks-Ordnung*** von **1644** sowie der ***Receß Der sieben freywäldischen Dörffer*** vom **2. Dezember 1650**. Die Forst- oder Wald- Jagd- und Weidwerks-Ordnung ist auch Richtnorm für alle anderen Waldgerechtigkeiten im Herzogtum Sachsen-Gotha und dem späteren Herzogtum Sachsen-Coburg und Gotha.

Das **Seeberger Holz** grenzt auf 1790 m an den nördlich liegenden Freiwald und die Grenze verläuft hier mit der alten Freiwalder Straße, ein gut sichtbarer Hohlweg. Mit Erreichung des Herrenweges ca. 200 m vor dem Neuen Haus wendet der Grenzverlauf an Freiwaldstein Nr. 3 und Nr. 82 des Seeberger Holzes nach Süden ins Kesseltal bis zum Erreichen der Apfelstädt am Bromacker. Von hier geht die Grenze an der Breiten Wiese nach Norden zur Freiwalder Straße zurück.

Das Seeberger Holz war eine Exklave der Käfernburger- Schwarzburger Grafen und als Ausland wegen immer wieder beklagtem Holzdiebstahl mit 128 Grenzsteinen deutlich gemacht.

Nr. 1 Anfang und Nr. 128 Ende der Versteinung an der Freiwaldstraße.

Verwaltet wurde das Holz vom Ort Seebergen (Vogtei), der dem Zisterzienserinnen-Kloster Stadtilm (dem Hauskloster der Käfernburger Grafen, gegründet 1272 in Saalfeld, seit 1275 im damaligen Ilmen) gehörte.

In einem Streit zwischen dem Grafen Günther zu Schwarzburg und Stadtilm mit dem Abt Johann vom Kloster Georgenthal erscheint am **17. August 1425** das Seeberger Holz richtig. Der Streit ging um die Gewende, einer Biegung, der versteinten Grenze zwischen Knie (wie ein liegendes Knie gebogener Bergrücken) und Kesseltal. Auch in den folgenden Jahrhunderten wurden immer wieder Klagen und Beschwerden von Seebergen gegen Nachbarn oder die Mitbenutzer des Waldes geführt.

Kloster und Ort Georgenthal auf einer Karte zu einem unbekannten Streit um die Haingrube, vermutlich 16. Jahrhundert *(ThStAG; DD IIa Nr. 2h)*

Das **Kloster Asolverod oder Sankt Georgsberg**, um **1140** von Graf Sizzo III. von Käfernburg als Zisterzienserkloster bei Altenbergen gegründet und um 1152 ins Tal (daher Georgenthal) verlegt, hatte eine große Bedeutung für alle bisher genannten und folgenden Waldgerechtigkeiten.
Dem Kloster wurde ein großes Waldgebiet, bis über den Rennsteig hinweg, mit einer Grenzziehung, die schon Graf Ludwig mit dem Barte 1039 inne hatte, übereignet. Die Grenze verlief von Altenbergen über den Harzstieg (Grenze Freiwald), die Leina, Trockene Leina (Drusenborn) am Ahornbaum vorbei über das Possenroder Kreuz (wird nicht genannt) zur Eberhardsbruggen (Eberhardsbrücke).

Exkurs:
Die **Eberhardsbruggen** befand sich nicht, wie oft angenommen, an der **Ebertswiese**, sondern im Frauengraben, westlich des Streitgirns, über den die Hohe Straße durch den Haderholzgrund nach Seligenthal führt.
Vom Frauengraben 3333 m nordwestlich befindet sich neben dem Berg Grauer Stuhl (763 m) die **Ebertshaide** (766 m), an der westlich der **Ebersbach** fließt.
Ein weiterer Flurname, **Ebertsgrund**, befindet sich südöstlich von Struht-Helmershof. Es bestehen also um Floh-Seligenthal fünf Begriffe, die auf einen Ebert zurückzuführen sind.

Ein weiterer Name ist **Ebertshausen** (Ortsteil von Benshausen), „ein ursprünglich fränkisches, bis zum Jahre 1660 hennebergisches, bis 1816 kursächsisches, anschließend preußisches und seit 1944/45 thüringisches Dorf, wurde bereits am 2. Oktober 838 in einem fuldaschen Schenkungsbrief unter dem Namen ***Eburiseshuson*** erwähnt."

(Wikipedia)

Der im Wappen abgebildete Hahn zeigt die lange Zugehörigkeit zum Besitz der Hennebergischen Grafen an. Die hier aufgezählten Ebertsnamen sind mit dem Zentrum Schmalkalden bis zum Aussterben des Geschlechts auf hennebergischem Gebiet. Weiteres zum Namen auf Seite 95 und 96.

In dem Waldgebiet befanden sich Besitzungen anderer Personen, die sich das Kloster einverleiben konnte oder von denen es Abgaben (Haferzinsen) erhielt. Beim Freiwald ist dies schon angedeutet und wird im Folgenden beim Wechmarer Holz noch deutlicher.

Die **Grafen von Käfernburg** gehören zum Thüringer Uradel und sind seit Anfang des 8. Jahrhunderts vereinzelt belegbar.

722 Dezember 1.
*Papst Gregor (II.) belobt die viros magnificos **Asulf**, Godolav, Wilareus, **Gundhareus**, Alvold und alle gläubigen Thüringer, welche lieber sterben, als den einmal angenommenen Glauben verletzen und dem Drängen der Heiden, zum Götzendienst zurückzukehren, nachgeben wollen; ermahnt sie, dem zum Bischof geweihten und zu ihnen gesandten Bonifatius Gehorsam leisten.* *(Dob. Band 1 Nr. 10)*

Angestammt in Thüringen sind sie im Längwitzgau, der seinen Namen von einem Zufluss der Ilm hat und wohl auch der frühere Name der Ilm ist, da der Längwitzgau das Ilmtal um Stadtilm umfasst. Die reiche Begüterung erstreckte sich von dort weit über den Thüringer Wald bis nach (Gräfen-) Tonna mit der Kettenburg, Besitz im Eichsfeld und nach Osten über Schwarzburg und Bad Blankenburg, bis Saalfeld.

*Am **27. April 1039** verleiht Kaiser Konrad II. dem **Grafen Ludwig** (mit dem Barte), das aus dem Dorfe Altenbergen und der dabei liegenden Rodung bestehende **Gut**, welches derselbe **von Einwohnern des Landes Thüringen** erworben hat, sowie ein zu seiner Herrschaft gehörenden, ...Teil des Waldes Loiba...* *(Dob. Band 1 Nr. 729)*

In der Papsturkunde von **722** wird ein ***Gundhareus*** genannt, dessen Abwandlung als Günther der Herrschername der Käfernburger/Schwarzburger Grafen war. Der erwähnte *Asulf* ist höchstwahrscheinlich mit dem **Asolf** als Namensgeber des **Klosters Asolverod** (Sankt Georgsberg, nach Verlegung an die Apfelstädt Kloster Georgenthal) und eines Flurnamens *Asolverod* identisch. Bei den in der Urkunde von 1039 genannten *Einwohnern des Landes Thüringen* handelt es sich um Käfernburger Grafen.

Die Haingrube - Wechmarer Wald

Auch der Ursprung der Haingrube als Wechmarer Wald liegt im Dunkeln. Ritter Otto von Wechmer verkaufte **1337** das **Herrenholz von Wechmar, genannt Haingrube**, an das Kloster Georgenthal. Dieser Wald hat seine Grenzen mit der Apfelstädt bis zum Schwimmbach (früher Schweinsbach), folgt diesem an der Nordseite des Finkenberges entlang nach südosten und schwenkt nach süden in einen Hohlweg den Brandkopf erklimmend. Der große, weithin sichbare Steinbruch löschte ein Stück des Weges aus. Auf der Kuppe führt der Altweg zur Steigerstraße, die von Gräfenhain nach Dietharz führt. Bei Erreichen des Rodebaches geht die Grenze in diesem bergab nach nordwesten, später nord, bis zur Einmündung in die Apfelstädt. Durch das Kloster Georgenthal wurden offensichtlich verschiedene Waldstücke herausgelöst und anderen Nutzern zugeführt. Einiges wird im weiterem Text geschildert (Peterholz, Ermstedet Holz), einiges ist noch nicht erklärbar, wie das Apfelstädter-, Schwabhäuser-, Pfortenhholz oder der Schreckjohn (1336 vom Kloster erworben).

Das Vitzerod

Das Waldgebiet Vitzerod liegt zwischen der Apfelstädt westlich des Rodebachtals und Dietharz am Kreuzhammerkopf. Der namensgebende Kreuzhammer war eine Hammermühle. Hier befand sich bis nach 1700 ein Steinkreuz am Weg nach Dietharz, der im 16. Jahrhundert über den Kreuzhammerskopf führte.

*Am **24. September 1231** überläßt Dietrich, Graf von Berka, das zwischen ihm und dem Kloster Georgenthal strittige Dorf Gräfenhain und den Wald Vizenroth dem letzteren gegen Zahlung von 15 Mark.* *(HStAM)*

Die Reichsunmittelbaren Grafen von Berka (Bad Berka, Kreis Weimarer Land) waren auch Burgherren in Blankenhain und Mellingen, sowie 1123 mit *Dietrich de Abbolde* (Apolda) erwähnt, Vitztume von Apolda. Zu ihnen sind auch die Schenken von Vargula zu zählen. Ein Vicedominus (lateinisch) ist die Amtsbezeichnung eines Stellvertreters oder Statthalters des Souveräns (Landesherrn), daher der Waldname Vizerod. Von Rodungsflächen ist, außer einigen schmalen Wiesen am Rodebach, nichts zu sehen.
Die Herren von Mellingen waren als Lehnsherren auf der Burg Alten- o. Walden-Fels, südlich von Tambach-Dietharz an einer Altstraße südlich des Schmalwassers (heute Stausee), für die Sicherheit im Namen des Bistums Hersfeld zuständig. Sie begegnen uns auch beim Petersholz bei Eichelborn unter **1. 3.** wieder.

*„Am **3. Januar 1309** bekennt Beringer von Mellingen, daß er, nachdem er an der Burg **Waldenfels und deren Zubehör**, die sein Vater Heinrich von Mellingen einst an Abt und*

Konvent zu Georgenthal verkauft hat, ein gewisses Recht beansprucht hat, nun, nachdem er 20 Talente Erfurter Denare vom Kloster Georgenthal erhalten hat, auf alles Recht an der Burg und ihrem Zubehör verzichtet und den Vertrag anerkennt. Infolge Siegelkarenz siegelt der Aussteller mit dem Siegel seines Vaters und seines Oheims Dietrich von Wechmar.“ *(ThStAG; Geheimes Archiv Urkunden)*

Der Vorname Dietrich ist in der Familie der Grafen von Berka über viele Jahrzehnte vergeben. Mit der Nennung des Oheims (Onkel) Dietrich von Wechmar in o.g. Urkunde sind auch die Herren von Wechmar zu diesem Geschlecht gehörig.
So viel zu konkreten Ereignissen der Vorgeschichte.
Wie waren die Verhältnisse in der ersten Hälfte des 14. Jahrhunderts?
Schon im 13. Jahrhundert war die Macht nach dem Investiturstreit zugunsten der christlichen Würdenträger verschoben, was sich in folgender Urkunde vom **23. Januar 1287** besonders zeigt.

Heinrich (II), Erzbischof von Mainz, errichtet auf Befehl des Königs Rudolf für Thüringen einen gemeinsamen Landfrieden. Albrecht, Landgraf von Thüringen und Pfalzgraf von Sachsen, gestattet dem Erzbischof Heinrich (II) von Mainz zum Danke für die bei der Aufrichtung des Landfriedens geleistete Hilfe, innerhalb der Langrafschaft Thüringen ***Burgen und Befestigungen zu erwerben und zu verstärken, sowie neue auf den Mainzer Besitzungen zu errichten.*** *(Dob. Band 4, Nr. 2649 u. 2650)*

Das Erzbistum Mainz übernahm somit Aufgaben der Landessicherung.
„Nach dem Tod Kaiser Heinrichs VII. wurden im Römisch-Deutschen Reich im Jahre 1314 mit dem Wittelsbacher Ludwig und dem Habsburger Friedrich zwei Könige gewählt und gekrönt. Der Thronstreit dauerte mehrere Jahre an und fand in der Schlacht bei Mühldorf 1322 eine Vorentscheidung für die wittelsbachische Seite.“ *(Wikipedia)*

In Mainz gab es durch das Einsetzen Heinrich III. als Erzbischof durch den Papst 1328 zwei Bischöfe, da die Mainzer Kapitulare an dem von ihnen 1320 gewählten Balduin von Luxemburg festhielten. Dieses wiederholte Schisma wird als „Mainzer Bistumsstreit“ bezeichnet. Dies wussten die Erfurter Bürger für ihre Zwecke zu nutzen und konnten ihren Einfluss vergrößern.
Es waren viele Jahrzehnte unruhige Zeiten, in denen jeder gegen jeden zu kämpfen schien. Auch zwischen den Adligen kam es zu Streit, Fehden, Brudermord und Krieg, zu Bereicherung auf Kosten Anderer (auch Familienangehörigen) oder unterschiedliche Parteinahmen, bei zuvor beschriebenen Zerwürfnissen von König, Papst und Kirchenfürsten. Es wurden Burgen geschliffen, die als Raubritternester galten. Zur Sicherung der Handelswege rüsteten die Stadt Erfurt und die freien Reichsstädte Mühlhausen und Nordhausen Heere aus und beteiligten sich an der Verfolgung von

„Raubrittern“ und der Schleifung derer Burgen. Hierbei wurden von Erfurt auf die wüsten Burgstellen symbolisch Waidsamen gestreut, vereinzelt wächst bis heute an solchen Stellen noch diese Pflanze. Der Begriff „Raubritter“ ist eine subjektive Bezeichnung aus Sicht der Geschichtsschreiber, vorallen der Klöster. Es ist eine ähnlich subjektive Sicht der Dinge, wie es schon die Römischen Schreiber über die Germanen überlieferten. Die „Raubritter“, meist Kleinadlige, nahmen sich für ihren Machtbereich die „übliche Freiheit“, Steuern und Wegegeld zu kassieren, wollten also etwas „vom Kuchen“ abhaben. Und es sei neben der Zunahme der Bevölkerung auf die schlechteren Wetterbedingungen (die Zeit des "Großen Hungers“; 1315 bis 1321), und bisher noch nicht voll erforschten Einflüsse, nach dem Klimaoptimum zwischen 900 und 1200 hingewiesen, die zu Versorgungsproblemen geführt haben werden.
Zu Sankt Maria Magdalena (22. Juli) 1342 gab es eine große Überschwemmung in Thüringen und anderen Landen, welche großen Schaden an Brücken, Mühlen und Gebäuden sowie Leid verursachte. In Vacha brach die steinerne Brücke, in Creuzburg brach die Stadtmauer und die Augustiner Chorfrauen mussten das St.-Jakob-Kloster räumen. In Erfurt konnte niemand in den Gassen reiten noch laufen, die Lange Brücke und die Steinerne Brücke bei Sankt Nicolaus brachen.
Es sei hier auch auf den Thüringer Grafenkrieg von 1342 bis 1346 (auch Thüringer Grafenfehde genannt) verwiesen, eine andauernde kriegerische Auseinandersetzung zwischen einer Reihe von reichsunmittelbaren Adelshäusern und dem Haus Wettin um die Vorherrschaft in Thüringen, wobei weite Teile Thüringens, also die ökonomische Grundlage des Landes, vor allem die Bauern, Schaden nahmen.
Auch die innerwettinischen Auseinandersetzungen von 1382 bis 1485 brachten viel Unruhe und Leid. Besonders die fast 5 Jahre des „Sächsischen Bruderkrieges“ von 1446, eines der blutigsten kriegerischen Auseinandersetzungen in Thüringen. Betroffen war der Großraum von Jena und Weimar bis Kranichfeld.
Beendet wurde das Zerwürfnis der Brüder durch die „Leipziger Teilung“ 1485, bei der, entgegen der historischen Aufteilung, eine meißnische und eine thüringische Hälfte gebildet wurde.
Weniger Beeinträchtigungen erlitten in dieser Zeit Klöster. Das Leben der Mönche bestand nicht nur im Beten und Arbeiten, es wurde mit Gütern, Privilegien, Wegerechten, Gerichten u.a. gehandelt und Geld verdient. Auch traten Klöster als Geldverleiher auf. So konnte auch das Kloster Georgenthal weitere Güter erwerben, z.B. das Herrenholz und Haingrube am Kloster (siehe Urkunde vom 21. März 1337, S. 18). Die Haupteinnahme bestand in dem Kirchenzehnt, als Naturalien, aber auch als Geldleistung.

1. Das Kloster Sankt Peter und Paul

Für das Kloster Sankt Peter und Paul gibt es sehr frühe Überlieferungen.

706 März 1.
Tagebert (Dagobert?), *König der Franken, schenkt seine Burg Merwigsburc in Thüringen, die ihm nach Erbrecht von Seiten seines Großvaters Merwig, des Gründers derselben, anheimgefallen ist, dem heiligen Petrus und seinen daselbst Gott dienenden Mönchen, wonach der Berg und das von ihm gegründete Kloster nach Beseitigung des heidnischen Namens seines Großvaters* ***"Petersberg"*** *genannt wurde; erzählt die Geschichte der Gründung des* ***Klosters Petersberg****, die durch den auf seine Bitte von Rigibert, Bischof von Mainz, bei der Kirche des heiligen Blasius in genannter Burg eingeschlossenen Klausner Adeolatus und den aus seinem, von ihm (Tagebert) ebenfalls gegründeten Klosters Wizenburc herbeigeholten Mönch Tutchindus veranlaßt worden ist; bekennt, diesem Kloster geschenkt zu haben: die Burg mit allem Zubehör, den wegen seines Reichtums an Hirschen* ***Hirschbühl (Hirzbruil) genannten Wald*** *von der Südseite der Burg nach Osten bis zu den Grenzen des Bezirks Orlaa, den er dem Pfalzgrafen Pippin zu lehen gegeben, ferner die in diesem Walde von Slaven angelegten Dörfer: Tonndorf, Taberstedt, Töttelstedt (Tutelstete), Neckerode, Hochdorf und andere, sowie das Wasser der Gera von der Südseite der Burg bis zur Grenze des Hofs des königlichen Ministerialen Gisbod zum Fischfang, genannte Getreidezinsen von seinem Hofe und alles übrige, was er in Thüringen besitzt, und zum Schutz des Ortes die Ministerialen: Gisbod, Eilbert, Eckehard, Wolfhold, Gisen, Egenen, Woligisus, Omar, Sigebert, Theobert, Theoderich, Adelbot, Adelgoz, Gelfrat, Yrfrid, Gunzelin, Guntramn.*
Zeugen: Pippin, Hausmeier, und sein Sohn Karl, Rigibert, Bischof von Mainz, Guntramnus, "paganus comes", Echebert, Graf, "et omnis aecclesia in Thuringia et circa Renum in Magontia".

(Dob. Band 1 Nr. 6)

Bei dem 706 erwähnten Hirschbühl erwähnten Berg ist der Steiger denkbar. In einer Urkunde vom **17. Oktober 1196** wird bei einer Schenkung an das Kloster Ichtershausen der *Baumgarten Wawithe zur Viehtrift* und die *Klosterrodung Rode* (Möbisburg-Rhoda) in Dobenecker, Band 2 Nr. 1012 genannt.
Bisher ungeklärt ist, warum sich das Kloster Peter und Paul auf dem Petersberg in Erfurt befindet oder wann es verlegt wurde, wenn es, der urkundlichen Erwähnung nach, auf der Burgstelle beim heutigen Ort Möbisburg sein müßte.

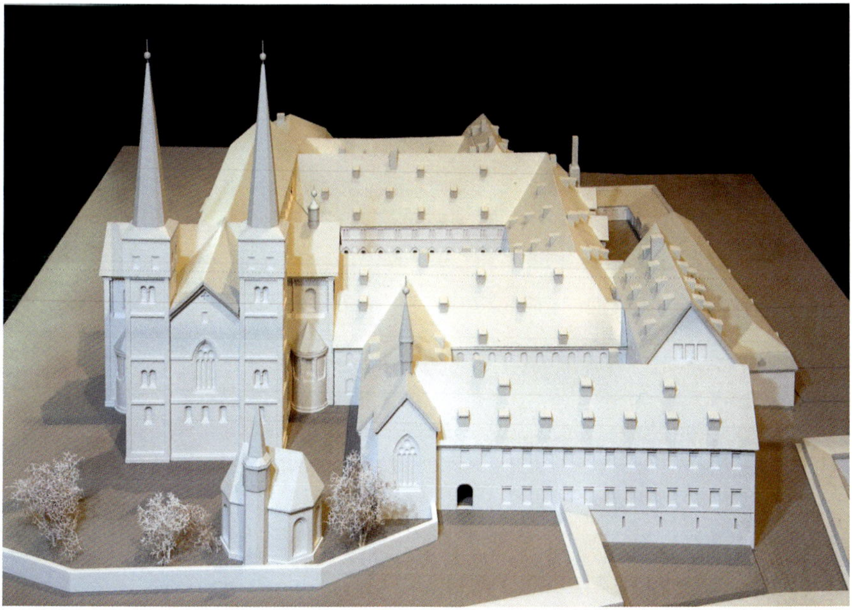

Modell des Petersklosters auf dem Petersberg Erfurt im Stadtmuseum, „Haus zum Stockfisch“

1256 erscheint der Name *Wawid* bei dem Verkauf von einem 60 Acker haltenden Gehölz und *Wawith* beim Verkauf von 136 Acker Holz, jeweils an die erfurter Bürger Eberhard von Wechmar und Dietrich, Richards Sohn. *(Dob. Band 3 Nrn. 2449 u. 2468)*
Bei den Wäldern Wawith handelt es sich um die frühere Bezeichnung für den Steiger, der seinen Namen wegen des steilen Anstieges auf der Stadtseite im Norden hat. In der Verlängerung der Freiligrath-, Ranke- und Martin-Anderson-Nexö-Straße ziehen mehrere Hohlwge entlang des Erlensumpfwegs, Rhodaer-Chaussee und Möbisburger Marktweg in südliche Richtung. Hierbei wird das Große Hospitalholz, Hospitalholz, Hubertus und Alter Steiger passiert.

1103/1104

R(uthard), Erzbischof von Mainz, bekennt, an einem bisher unbewohnten Ort bei Falken (Treffurt) ... eine Kirche errichten zu können, erbaut und mit 4 gegenüber auf dem anderen Ufer gelegenen Hufen zu Steinbeche, einem Teile des anliegenden, näher begrenzten Waldes (est autem eiusdem silve terminus ad hoc denominatus, ab eo loco qui vulgari lingua Qagenthal nuncupatur, das Wagenthal uff und Kirchstieg nieder), eine Mühle auf dem jenseitigen Ufer samt dem zwischen dieser und Frankenroda gelegenen Wald und der Fischerei, mit 3 Hufen zu Hoingen, 5 Hufen zu Ezenrode, 3 Hufen zu Schnellmannshausen und im 2. Jahre nach der Einweihung mit Bischofroda, dem eingezogenen Lehen des Ritters Hermann, dotiert zu haben; unterwirft diese Zelle der ***Abtei Petri et Pauli auf dem Berge zu Erfurt****; befreit sie von allen Abgaben; verordnet, daß nur die genannte Abtei ihr einen Vogt setzen darf; bekundet, daß Burchard, Abt von sankt Peter zu Erfurt, Frankenroda und Aschara der genannten Zelle zugewandt hat; verleiht den Brüdern in dieser Zelle das Recht, seelsorgerische Handlungen vorzunehmen und neue Mitglieder aufzunehmen. (26 Zeugen zugegen)* *(Dob. Band 1 Nr. 1012)*

1146 August 12*.*
Heinrich, Erzbischof von Mainz bestätigt dem ***Peterskloster Erfurt*** *1 Mühle und 8 Hufen mit ebensoviel Hofstätten und* ***2 Wäldchen zu Bickenriede*** *3 Hufen zu Ennenhartesrode, 2 Hufen zu Hizwinckele, 2 Hufen, 1 Wiese und 3 Leibeigene zum Ministerialrecht zu Kirchberg, 1 Hof mit 3 Hofstätten, 4 H(ufe)* ***dem umliegenden Walde****, einer Kapelle auf dem Hofe und 3 zu dieser gehörgien Hofstätten zu Ascherode die alle dem Kloster die Freien Folrad und Hertag, Gebrüder, bei ihrem Eintritt in dasselbe mit Zustimmung ihres Bruders Hermann und ihres Vetters Dietmar zugewandt zu haben. Zeugen: die Pröpste: Heinrich om. Marienstift zu Erfurt, Adelhart vom Severistift, Sin(z)o der Regulierten, Folpert von sankt Cyriax; der Erzpriester Berthold,* ***Werner, Abt des Petersklosters****, Wilhelm, Prior, und die ganze Samnung; die Freien:* ***Graf Ernst, Vogt des Petersklosters****, Lambert, Graf, Friedrich von Beichlingen; die Ministerialen: Hartung, Werner u. Sigibolt.* *(Dob. Band 1 Nr. 1555)*

Typisch für die früh überlieferten Gütervergaben, insbesondere bei der immensen Zunahme im 11. und 12. Jahrhundert, ist eine Vergabe in größerer Entfernung zu den Wohnsitzen der Eigentümer. Es gab demzufolge schon eine große Anzahl von zumeist Männern (Königen, Herzogen, Grafen, Kleinadligen) die weit verstreuten Besitz hatten und reisen konnten und mussten. Im Gegensatz dazu mussten die Bauern, meist Leibeigene, auf „ihrer Scholle“, dem Hof mit Feldern und Wiesen, bleiben.
Der ***alte Erfurter Acker*** oder Morgen waren 26,42 Ar = 168 Quadratruten mit der Feldrute von 14 Fuß (28,326 cm) gemessen. Die Fläche, die mit einem einscharigem Pflug an einem Vormittag zu schaffen war. Die Rute hatte demnach 3,96564 Meter, im Gegensatz zur Baurute zu 12 Fuß/Schuh mit 3,39912 Meter Länge.
Im Herzogtum Gotha dagegen hielt der Acker 22,699 Ar, der mit der 14 Fuß (28,762 cm) messenden Feldrute zu 4,0267 m ermittelt wurde. Immerhin waren bei der Verschiedenartigkeit der Maße im zersplitterten Deutschland in den Sächsischen Ländern einheitliche Maße und Gewichte festgelegt.

1. 1. Das Peterholz bei Georgenthal

Das Kloster Georgenthal verfügte bei der Gründung in dem ihm übereigneten Wald bis zum Rennsteig nicht über alles Gebiet. Folgendem Kauf galt besonderes Interesse.

21. März 1337
Ludwig [II. von Mansbach], Abt von Hersfeld, Dekan Meinhard [von Berg] und der Konvent von Hersfeld bekunden, dass der Ritter Otto von Wechmar Abt Otto und dem Konvent des Zisterzienserklosters Georgenthal Grund und Boden (fundus) ***mit dem Wald, genannt Herrenholz von Wechmar,*** *gelegen beim Kloster Georgenthal, und dem Wald, genannt* ***Haingrube*** *(Hayngruebe), alles Lehen des Klosters Hersfeld, verkauft hat. Nach Ottos Resignation der Lehen übertragen Abt und Konvent die Lehen dem Kloster Georgenthal gegen Zahlung eines jährlichen Rekognitionszinses von einem halben Pfund Wachs, zahlbar an Mariä Reinigung [Februar 2] an die Kustodie des Klosters Hersfeld. Siegelankündigung Abt Ludwigs und des Konvents von Hersfeld.*

(HStAM; Bestand Urk. 56 Nr. 315)

Somit erhielt das Kloster Georgenthal den unmittelbar an die südliche Klostermauer angrenzenden Wald Haingrube mit Zusage des Klosters Hersfeld.
Abt Werner vom Petersberg Erfurt ist einer der 41 Zeugen bei der Beurkundung der Besitzungen des Erzbischof von Mainz, Heinrich, im Jahr 1143 für das Kloster Georgenthal. Die Äbte der Klöster Georgenthal und Sankt Peter und Paul in Erfurt kannten sich in der Folge auf Grund dienstlicher, gegenseitiger Visitationen der Klöster.

Hersfeld gibt am **19. März 1351** das Petersholz dem **Peterskloster zu Erfurt**.
Hermann, Abt, Ulrich Richolf, Prior, Heinrich von Hall (de Hallis), Kantor, und der Konvent des Benediktinerklosters St. Petersberg in Erfurt, Mainzer Diözese, beurkunden, dass sie einen jährlichen Wachszins - jeweils ein Pfund Wachs an den Abt und die Kustodie von Hersfeld -, zahlbar an Martini [November 11], für die ***Übertragung eines Waldstücks*** *(lignetum), das zuvor die Brüder* ***Heinrich und Johann genannt von Wechmar*** *vom Abt von Hersfeld zu Lehen getragen haben, zahlen werden.*

(HStAM; Bestand Urk. 56 Nr. 390)

Hiermit erwarb das Peterskloster Erfurt das Peterholz genannte Waldstück bei Georgenthal. Bestätigt wird der Besitzwechsel am **6. Dezember 1370**.

Bertholt, Abt des Stiftes Hersfeld, bekundet: dass Johann von Wechmar und Dietrich, dessen Sohn, Ritter, auf alle Rechte an dem Walde bei Georgenthal, genannt: Bei der ***Hayngrube****, zu Gunsten des Petersklosters verzichtet, und er dem letzteren jenen übereignet habe.* *(MVGAE)*

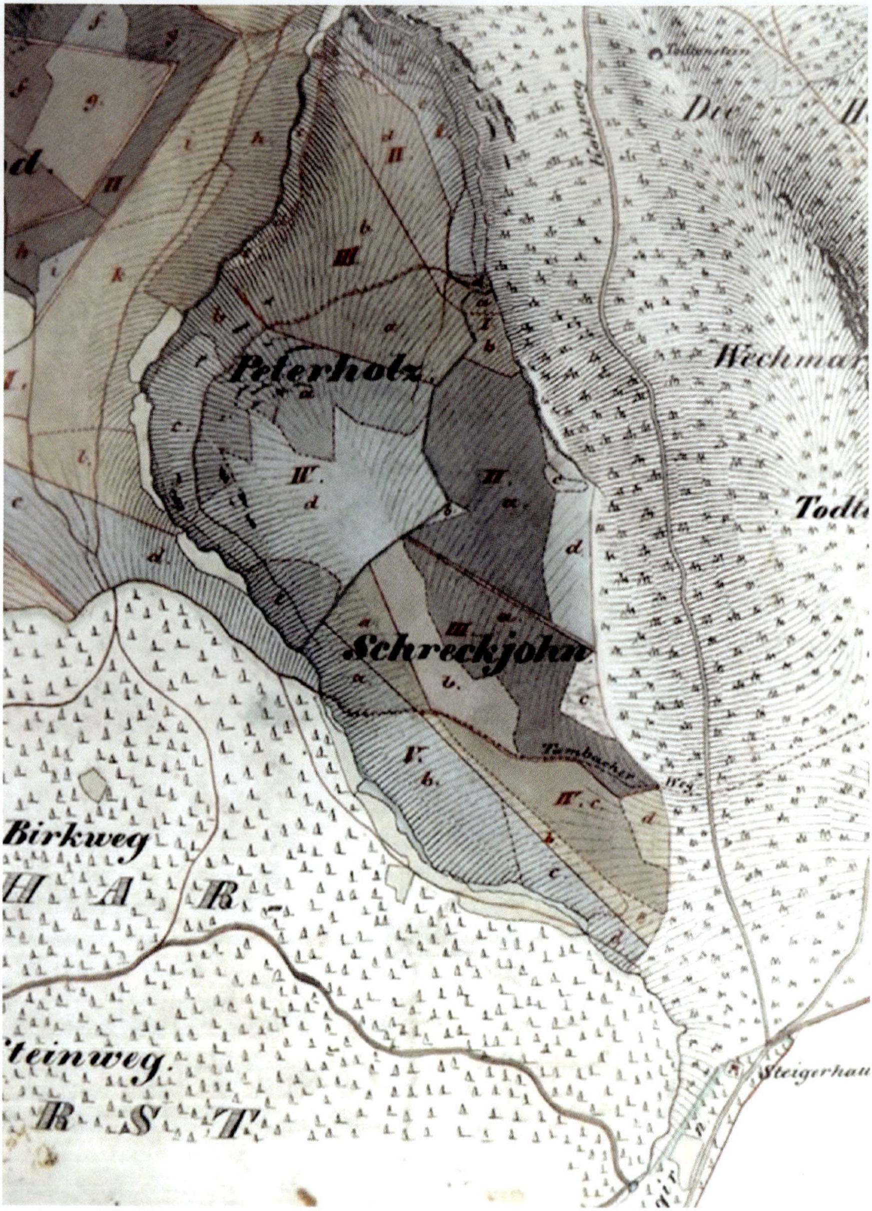

Kartenausschnitt aus „Der Georgenthäler Forst – Forstmeisterei Georgenthal"; erstellt: Spätzel von 1843 *(ThStAG Kartenkammer Nr. 20-4.)*

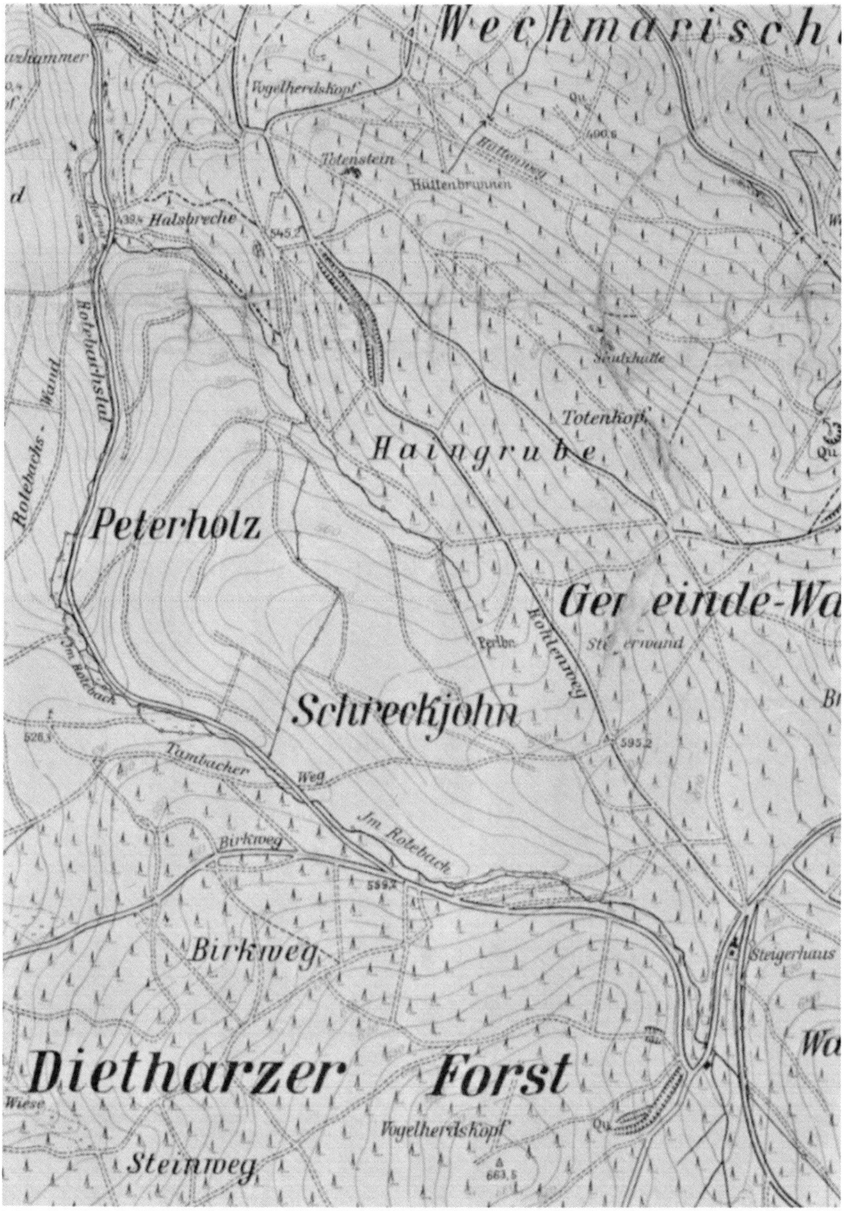

Kartenausschnitt Revier Georgenthal mit Revier Freiwald (ThStAG Samml. Karten H 2 192)

Es wird begrenzt vom Rodebach im Westen, und dem vom Schreckjohn (sumpfiges, unwirtliches Gebiet) an der Halsbreche einmündenden Nebenbach im Osten, schwenkt nach gut 700 Metern nach süden in einen flachen Holweg ab und führt nach südwesten über eine Schneise zum Rodebach unterhalb des Tambacher Weges zurück.

Am Abzweig vom Nebenbach in den flachen Hohlweg begann die Versteinung der Grenze.

Stein Nr. 1 des Peterholzes (Fotos B. Hähnlein)

Die Gravuren, Schwert des Paulus und Schlüssel des Petri (Petrus) sind sehr künstlerisch ausgeformt und auch in anderen Gebieten zu finden.
Der Stein Nr. 1 wurde in der Zeit von 2006 bis 2008 gestohlen und durch einen Waldwacken ersetzt. In dieser Zeit wurden Wegebaumaßnahmen durchgeführt. Bei der Größe des Steines muss der Abtransport mit Technik erfolgt sein. Vom Autor wurde wegen Diebstahl eine Anzeige erstattet. Bei deren Bearbeitung wurde ihm bekannt, dass für das Peterholz die Agrarproduktion Schwabhausen e.g. Eigentümerin ist und diese ebenfalls Anzeige erstattet hat. Das Verfahren wurde durch die Staatsanwaltschaft Erfurt im April 2021 wegen *ergebnislosem Verlauf* eingestellt.

Beurkundet war Stein Nr. 1 am Standort mit Ziegel, Glas und Holzkohle.

Der weitere Grenzverlauf wird durch einen ca. 3 m tiefen Hohlweg zerschnitten. Nach einigen Metern stößt man auf den Stein Nr. 4 ohne weitere Inschriften. Die Nummerierung geht in Uhrzeigerrichtung weiter und es finden sich im weiteren Verlauf nur kleine, unförmige Steine.

Stein Nr. 4

Nach einigen 100 Metern führt die Grenze entlang eines Waldweges, an dem die mit dem Petrusschlüssel und Schwert des Paulus gekennzeichneten Steine 12 und 14 aus dem Jahr 1723 liegen (nächste Fotos).

Stein Nr. 12 an Waldweg, danach geht die Grenze nach rechts einer Schneise entlang

Stein Nr. 14

In der von diesem Waldweg rechts abbiegenden Schneise befinden sich verschiedene Grenzsteine, darunter der Stein Nr. 17 gleicher, oben beschriebenen Machart.

Am Hang zum Rodebach befinden sich keine weiteren Grenzsteine.

Das nächste Bild zeigt einen „modernen Markbaum“ am Rodebach, der Förster kennzeichnete die Grenze mit P durch grüne Farbe.

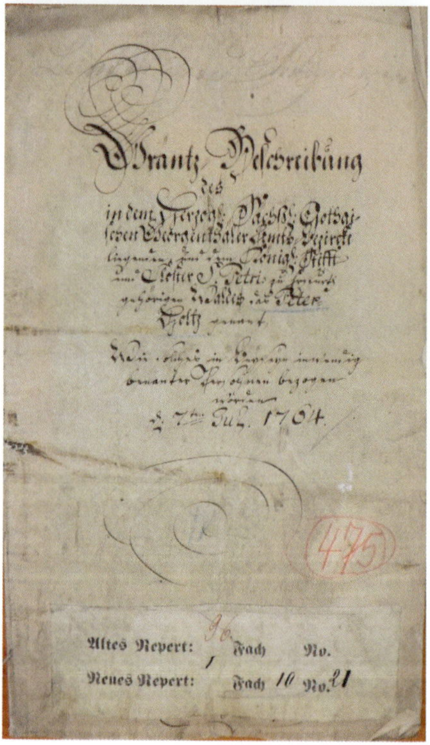

Gräntz Beschreibung

des

7ten Jul. 1764.

475

Altes Repert: 36 Fach 1 No.

Neues Repert: Fach 10 No. 21

Genaueres über die Kontrolleure, den Grenzverlauf und die 22 überprüften Steine erfahren wir aus folgender Akte des Landes-Archivs-Gotha, Justizamt Georgenthal 475 vom **7. Juli 1764.**

In der Gräntz-Beschreibung des in dem Herzoglich- Sächßisch- Gothaischen Georgenthäler Amts-Bezircke liegenden und dem Königlichen Stifft und Kloster S. Petri zu Erfurth gehörigen Waldes das Peter-Holtz genannt. Wie solches in Beyseyn inwendig benanter Persohnen bezogen worden.

An dem Grenzzug haben teilgenommen:
Auf Seiten des ***Herzogl: Sächß: Forst-Amtes.***
Hr. Wolff Gottfriedt Jarislaw von Prittwitz Cammer Juncker und Ober Forst Meister.
Hr. Friedrich Wilhelm Hoffmann Rath u. Amtsmann ist dermalen wegen Unpäßlichkeit nicht mit zu gegen gewesen.
Hr. Christian Wilhelm Hoffmann Forst-Commissarius.
Hr. Johann Andreas Großgebauer Ober Förster zu Gräfenhayn.
Hr. Heinrich Georg Schramm Forst-Bedienter zu Georgenthal.
Auf Seiten des ***Königl: Stiffts S. Petri.***
Hr. Johann Lorentz Greß, Holtz Förster.
Hr. Joh. Christ. Friedr. Greß als Substitutus.

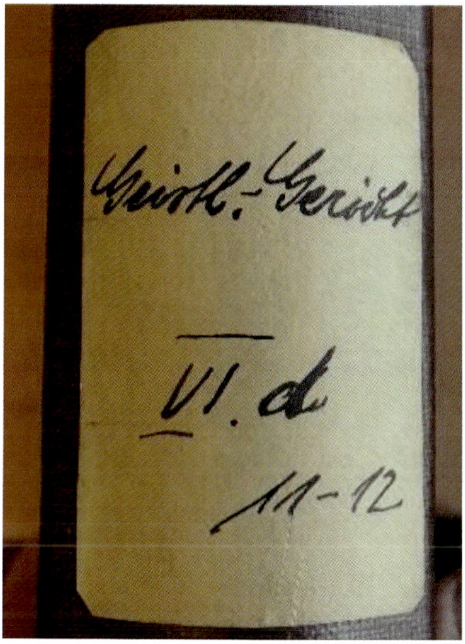

Im nebenstehenden Band *Geistliches-Gericht, Band VI.d 11-12* des Bischöflichen Archivs Erfurt ist in einem Einnahmen-Ausgabenbuch im Jahr 1777 für das Peterholz bei Georgenthal 963 Taler, 4 Groschen und 8 Pfennige an Capital eingetragen. Erwirtschaftet wurden 48 Taler, 3 Gulden und 10 Pf. Hier werden unter anderem auch die Wald-Besitzungen zu Blankenhain, das Eichelborner Holz, das Orphaler Holz, das Holz zu Nißa, das Holz der Buchenburg, das Fischwasser zu Hochheim und die Jagd zu Alach mit 80 Hasen und 80 Hühnern aufgeführt.

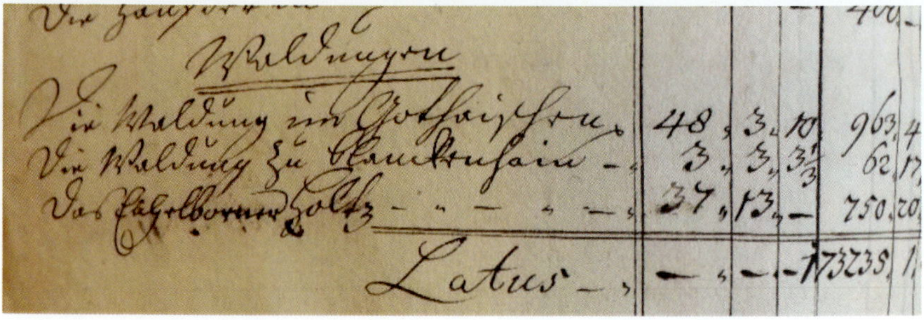

Wert und Ertrag der „Waldungen im Gothaischen, zu Blankenhain und Eichelborner Holz“ (BAE Geistliches-Gericht, Band VI.d 11-12)

Als bei der Besetzung des Petersberges durch napoleonische Truppen das geschwächte Kloster Sankt Peter und Paul endlich eingeht, kommt das Peterholz bei Georgenthal 1835 durch einen Kaufkontrakt durch die königlich-preußische Regierung in Erfurter Hand. Es werden gleichzeitig die rückständigen Ordinarsteuern beim Herzogtum Sachsen - Coburg - Gotha (gegründet 1826) abgeschrieben.

1.2. Die Waldung bei Blankenhain

Im Einnahmenbuch von 1777 hat die Waldung zu Blankenhain einen Wert von 62,17 Reichtalern und es konnten 3 Taler, 3 Groschen und 3 ½ Pfennige Einnahmen erzielt werden.
Die Erlangung von Informationen über dieses Waldstück gestaltete sich insgesamt schwierig. Unter dem Begriff Peterholz konnte keine Flur gefunden werden.
Bei einer Erbschaftsregulierung vom 7. Mai 1736 des verstorbenen *Cammer- und Forst-Commissarii, **Alexander Eberhardt Müller*** wurde unter 49 Grundstückswerten **Müllershausen** mit einem Wert von 4000 R angegeben. *(LASAW; A 46 Nr. 101)*

Müllershausen liegt südlich am Kaitsch (slawischer Name, umgewandelt - Kötsch), auf dem sich Reste einer Wallburg befinden. Eine ganze Reihe von Orten in der Umgebung mit der Endung -itz (z.B. Söllnitz, Loßnitz) sind slawische Orte. Aber auch Neckeroda, Hochdorf und Blankenhain waren von Slawen besiedelt. Neckeroda und Hochdorf wurden urkundlich am **1. März 706** bei der Nennung des Peterskloster erwähnt (siehe Urkundentext S. 18). Es ist gut möglich, dass das Peterskloster über die hier erworbenen Güter den christlichen Glauben verbreitete.

Begütert war das Peterskloster Erfurt auch mit landwirtschaftlichem Besitz bei Blankenhain mit einem Gut (Krakau), mit Wiesen daselbst und dem Gut in (Neu-) Dörnfeld.

28. April 1730.
Graf Franz von Gleichen und Hatzfeld bestätigt den zwischen dem Peterskloster und Johann Georg Kröhne zu Blankenhain über das Gut zu Neu-Dörnfeld abgeschlossenen Kaufvertrag. *(MVGAE)*

1777 hatte das Gut Dörnfeld einen Wert von 5687 Talern und brachte 284 Taler Einnahmen. Das Gut zu Blankenhain (Krakau, heute Golfresort) erwirtschaftete 175 Taler und hatte einen Wert von 3500 Talern.
Östlich von der beliebten Ausflugsgaststätte Müllershausen zur Pfennigspfeife zu, liegt das Flurstück **Pfaffenholz**. Mit großer Wahrscheinlichkeit handelt es sich hierbei um den Wald des Klosters Sankt Peter und Paul Erfurt. Dies hält der zuständige Förster für möglich, Grenzsteine sind nach seiner Aussage nicht mehr vorhanden.

Ich konnte dennoch einen Kalkstein (2 Fotos) an der Westgrenze, liegend und fast verdeckt, finden. Er trägt keine Inschriften und hat am Kopf einen Richtungsweisenden Strich, wodurch er sich neben der Form und Größe als Grenzstein identifizieren lässt.

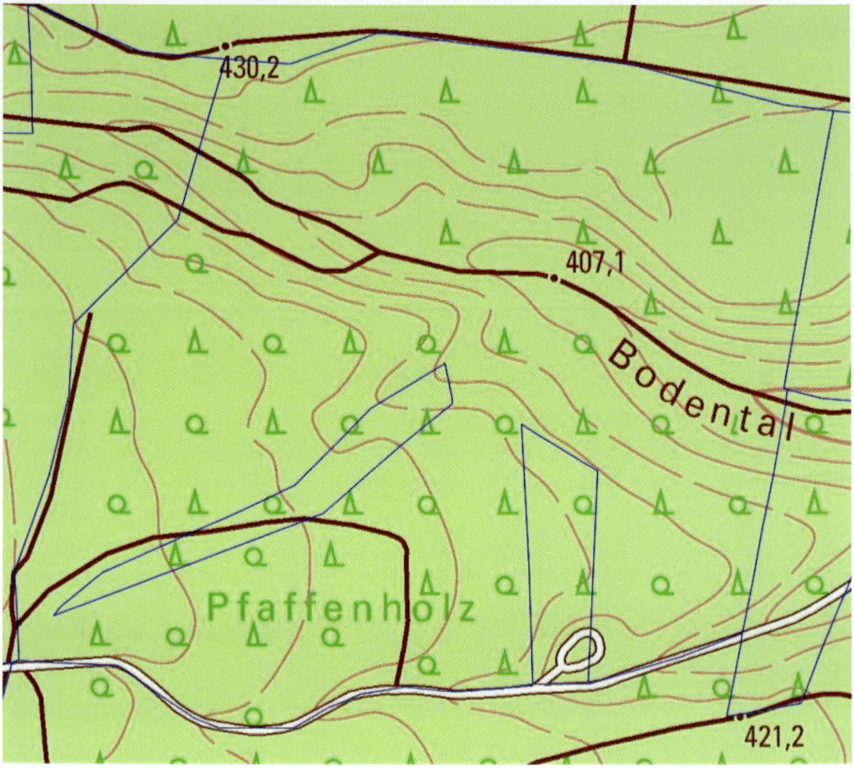

(© GDI-Th; Top. Viewer)

Bemerkenswert sind die zwei Waldgebiete innerhalb des Pfaffenholzes (Gemarkung Blankenhain) von Großlohma, als deren Gemarkung zugehörig. Über dieses Phänomen machte das Katasteramt Weimar zu der Anfrage über das Pfaffenholz keine Angaben.

Die Südwestspitze des linken Flurstückes ist mit Grenzsteinen, Gravuren **GL** (Groß-Lohma) und **H**, sichtbar. Das **H** könnte für Herzogtum (Weimar) oder Hatzfeld stehen. Die Herren von Hatzfeld waren erbliche Nachfolger der Herren von Gleichen über Blankenhain. Nach dem Aussterben derer von Hatzfeld kam die Stadt als heimgefallenes Lehen an das Kurfürstentum Mainz zurück. Nach der Verwaltung durch Frankreich während der napoleonischen Besetzung wurde sie dem Herzogtum Sachsen – Weimar - Eisenach 1815 zugeschlagen.

Weitere, der Schrift nach, ältere Grenzsteine mit **H** für Hatzfeld von 1715 befinden sich an der Gemarkungsgrenze zu Saalborn bei der B 85. *(Foto rechts)*

1.3. Das Eichelborner Holz

Bei Eichelborn hatte das Peterskloster seit dem 13. Jahrhundert Besitz.

1240 Juli 13.
Siegfried III., Erzbischof von Mainz, beurkundet, daß sich in seiner Gegenwart Heinrich, Abt des Petersklosters zu Erfurt, und dessen Kapitel und Heinrich von Mellingen und dessen Schwiegersohn Dietrich von Eichelborn zu einem Pachtvertrage bekannt haben, wonach das Kloster an Heinrich von Mellingen, dessen Schwiegersohn und dessen Gemahlin Jutta das ***Klostergut zu Eichelborn mit allem Zubehöre****, ausgenommen der Pfarrkirche, gegen genannte Abgaben verpachtet hat.* *(Dob. Band 3. Nr. 902)*

1244 September 18*. Erfurt*
Heinrich, Abt zu sankt Peter und Paul in Erfurt, und die Samnung überlassen auf Bitte des Erzbischofs (Siegfried III.) von Mainz an Heinrich von Mellingen, dessen Schwiegersohn Dietrich von Eichelborn, ihre Frauen und Erben das ***Allod zu Eichelborn*** *mit der Pfarrei und allem Zubehör nach Erbrecht gegen einen Zins von 12 Malter:*
(Dob. Band 3 NR: 1184)

In einem Gerichsturteil vom **23. August 1257** wird ein Streit wegen der berechtigten Ansprüche des Heinrich von Mellingen und seines Schwiegersohnes Dietrich von Eichelborn aus vorstehender Urkunde und dem Peterskloster Erfurt zu deren Gunsten entschieden.

Lambert, Propst, Albert, Dekan, Hermann von Vippach, Kanonikus des Marienstifts zu Erfurt, Heinrich, Dekan, und Heinrich von Topfestedt, Kanonikus des Severistifts daselbst, schlichten als Schiedsrichter unter Inserierung einer Urkunde von ***1244 September 18.*** *einen schon vorher vor den als Päpstlichen Richter fungierenden Propst H[ugold] vom Cyriaxkloster in Erfurt gebrachten Streit zwischen dem Peterskloster daselbst einerseits und den Rittern Heinrich von Mellingen und dessen Schwiegersohn Dietrich von Eichelborn andererseits über ein* ***Allod in Eichelborn****, von dem Letztere zur Zahlung eines Zinses verurteilt werden. - In vigilia sancti Bartholomei. Erfurt.* *(StAE; 0-1/ 7-402)*

1360 März 20.
Günther, Graf von Käfernburg, gibt dem Erfurter Bürger Wunnere ***62 Acker Holz zu Eichelborn*** *in Erbleihe. Ausstellungsort unbekannt.*
(StAE; 0-1/13- 49a)

In einem Kaufbrief vom **31. Juli 1405** wird das Eichelborner Peterholz erwähnt. *Balthasar, Landgraf in Thüringen und Markgraf zu Meißen, genehmigt als Erbherr, dass Hug Bruns und Albrecht von Nordhausen, Bürger zu Erfurt, dem Spital vor dem Krämpfertor daselbst, eine im Felde von Eichelborn gelegene* ***Holzmark von 62 Acker*** *verkauft haben, von der er jährlich einen Erbzins auf Michaelis von 1 Schilling bezieht. Die Holzmark ist gelegen hinter dem Holz der Herren von Utzberg, einerseits neben dem Holz der Kinder vom See, andererseits neben dem Holz des* ***Petersklosters****. Als Vormünder des Spitals werden Heinrich und Hermann Bruns, Bürger zu Erfurt, genannt.* *(MVGAE)*

Das Waldstück Peterholz südlich von Eichelborn, Flur Eichelborn 009, Flurstück 946 hat eine Größe von ca. 800 x 330 Metern. Im Einnahmen-Ausgaben-Buch von 1777 hat es einen Kapitalwert von 750 RThl. und 20 Groschen. Es brachte einen Gewinn durch Einnahmen von 37 RThl. und 13 Gulden.

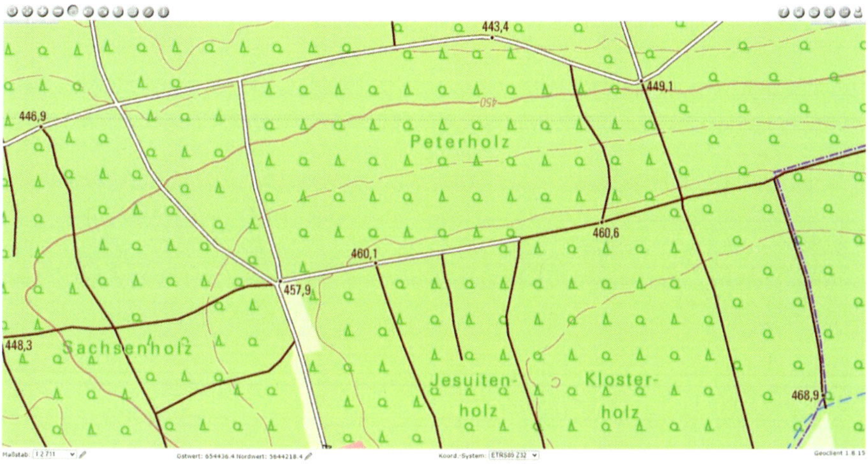

(© GDI-Th; Top. Viewer)

Weitere Überlieferungen:

1722 – 1723: Beschwerden des Abtes zu St. Peter in Erfurt wider den Eichelborner Grenzschützen wegen Veränderung der Grenze des Peterholzes. *(ThStAW)*

1723: Die vom Abt des Petersklosters zu Erfurt Placidus geführte Beschwerde über den sächsischen Jäger zu Eichelborn, Peter Hesse, wegen eines ausgerissenen Mahlsteines am Klosterholz und des darin niedergeschlagenen und abgeführten Holzes. *(ThStAW)*

Grenzsteine sind auch immer wieder als Mahl- (Mal-) Steine überliefert. Den Begriff kennen wir heute als Mal am Körper (Muttermal, auch Makel) oder in Mahn- und Denkmal.

1.4. Das Holz Der Buchenberg

Es befindet sich als nordwestlicher Teil des Willrodaer Forstes südlich von Windischholzhausen.

1228

Sigfrid (III.), Erzbischof von Mainz, ***verleiht*** *vor dem Klerus und vor seinen Ministerialen* ***dem Peterskloster zu Erfurt*** *unter Abt Heinrich den* ***Wald Buchenberg****, welcher Lambert, weil. Graf von Gleichen, zu seinem Seelenheile dem Kloster, vorbehaltlich seiner Bestätigung, geschenkt und seine Söhne, die Grafen Ernst und Heinrich, ihm zu diesem Zwecke aufgelassen, dafür der Mainzer Kirche auch 3 Hufen ihres Eigengutes zu Molschleben (Magholzleiben) aufgetragen haben. Zeugen: die Pröpste: Konrad v. sankt Maria zu Erfurt, Wilhelm v. sankt Moritz zu Mainz, Heinrich v. Bingen, Konrad auf dem Cyriaksberg, Konrad v. sankt Augustin und Dietmar v. Neuwerk, Günther, Dechant v. sankt Maria, Dietmar, Dechant v. sankt Sever, Arnold, Scholastikus zu sankt Peter in Mainz, Ludwig, Scholastikus v. sankt Maria, Konrad v. Kahla und die ganze Samnung zu sankt Maria; die Laien: Friedrich v. Kelberau, Heinrich v. Mellingen, Ludiger v. Bessingen, Villikus der Stadt, Sibold, Juttas Sohn, und dessen Sohn Günther, Konrad „ante Valvam", Hartmann v. Göttingen, Gottschalk der Reiche und Siboto der Reiche, Gottschalk der Lange.* *(Dob. Band 3 Nr. 26)*

Das erwähnte ***weil.*** beim Graf von Gleichen ist eine alte Bezeichnung für verstorben, was für Lambert II. im Jahr 1228 zutrifft.

Im Stadtarchiv Erfurt ist der Buchenberg mit folgenden Eintragungen belegt:
Des Buchenbergs Gränz-Berichtigung anno **1768**
Flurgrenzen im Zeisigtal am Buchenberg **1797-1801**
Im Jahr 1777 hatte der Wald einen Kapitalwert von 850 RThl. und 10 Groschen und brachte 42 RThl., 12 Groschen und 6 Pfennigen Einnahmen.

1.5. Das Orphaler Holz

Mit dem Begriff Orphal sind einige Mythen verbunden. Das Gebiet liegt östlich von Töttelstedt am Weißbach bis Tiefthal und zwischen Schaderode im Süden und Friedrichsdorf im Norden. „Das Kloster und der Ort Orphal wurden erstmals **1074** in einem Stiftsbrief des Klosters Hasungen (Burghasungen im nordhessischen Landkreis Kassel) erwähnt. Der Ort Orphal wurde 1307 letztmals erwähnt. Der Mainzer Erzbischof unternahm den Versuch das Kloster zu retten, indem er das Patronatsrecht an das … wohlhabende Erfurter Peterskloster übertrug.“ *(Wikipedia)*

Eine Kapelle bestand bis 1530.

(Quelle: www.toettelstaedt.de)

Nordöstlich des Orphaler Berges angrenzend befinden sich das Flurstück Petergirn, ein Dreieck von ca. 250 x 140 m größte Längen und nördlich davon das Nonnenholz

Das **Nonnenholz des Neuwerk-Klosters** ist durch Grenzsteine sehr gut sichtbar gemacht. Die Nummern der Steine sind mit roter Farbe hervorgehoben. Eine Ausmalung mit „Rötel“, aus roten Steinpigmenten, ist in Grenzbeschreibungen mehrfach überliefert.

Grenzstein Nr. 24 des Neuwerk-Holzes

Neuwerkskirche (Quelle: erfurter Stadtmuseum „Haus zum Stockfisch“)

„Die Neuwerkskirche wurde **1168** erstmals urkundlich erwähnt. Der spätromanische Bau stand in der 1166 errichteten Neustadt „auf dem neuen Werke“, woraus sich ihr Name ableitet. Die Kirche mit dem Patrozinium des Heiligen Kreuzes (lat. sanctae crucis, daher Cruciskirche) gehörte zum Kloster der Augustinerinnen, dem Neuwerkskloster. Ab 1285 wurde sie als Pfarrkirche genutzt.“ *(Wikipedia)*

1265 Januar 4. – Erfurt

Friedrich, Graf von Beichlingen, überlässt dem Neuwerkskloster 4 ½ Hufen Wald auf der Wagweide bei Erfurt. *(Nr. 196 UstE)*

1265 October 1. – Ehrenfels

Werner, Erzbischof von Mainz, übereignet 4 1/2 Hufen Holz bei Erfurt, welche vorher die Grafen von Beichlingen und von diesen wiederum die von Meldingen zu Lehen gehabt, dem Neuwerkskloster als Freigut mit Vorbehalt eines Freizinses von 1 Pfund Wachs. *(Nr. 196 UstE)*

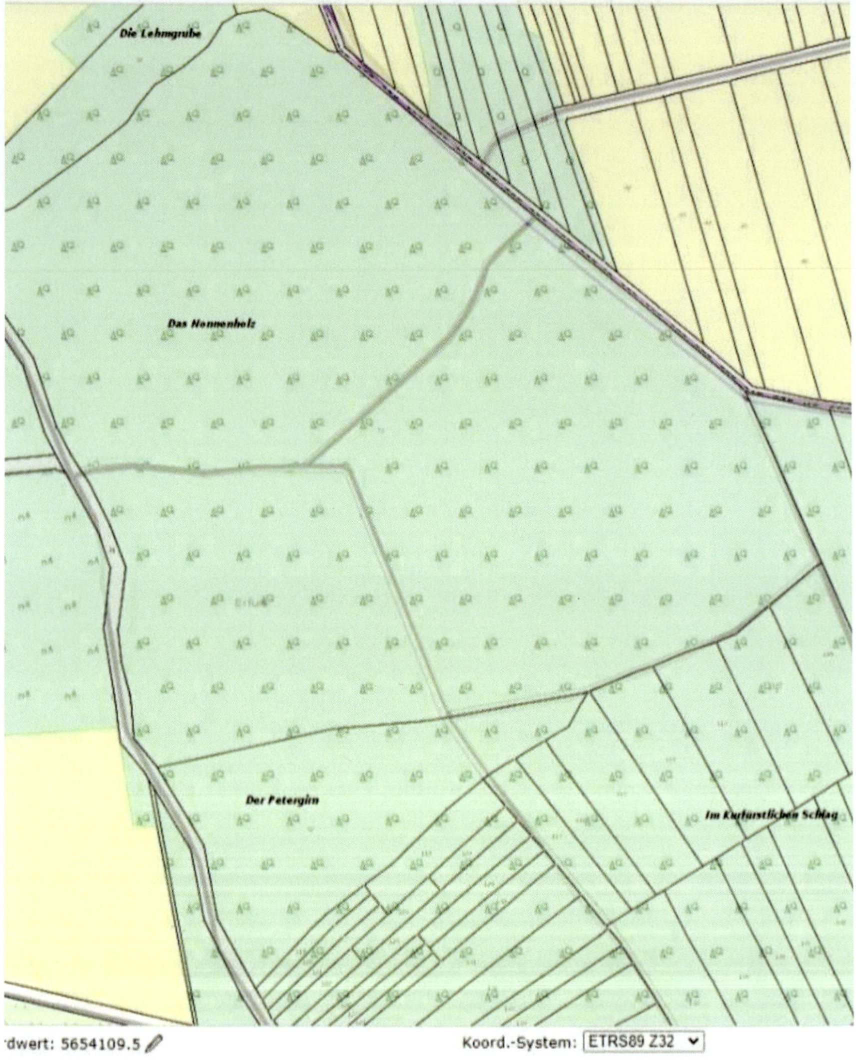

Nonnenholz des Neuwerkklosters, süd-westlich davon Petergirn und süd-östlich der Kurfürstenschlag (© GDI-Th; ALKIS)

Im Stadtarchiv Erfurt wird unter dem **30. November 1288** aufgeführt:

Dietrich von Andisleben, gen. von Heldrungen, und seine Frau Adelheid verkaufen mit Zustimmung ihrer Kinder Bruno, Dietrich, Adelheid und Gertrud, sowie des Ausstellers Schwestern Gertrud und Sophie dem Neuwerkskloster in Erfurt für 10 Mark Silbers ***40 Acker Holz zu Orphal****, nah gelegen dem Gehölz des genannten Klosters. Der Graf Albert von Gleichen stimmt zu. Vor dessen Landgericht in Elxleben erfolgt die Auflassung durch den Villicus Konrad Scriptor und den Freiboten Lutiger.*

(StAE; Signatur: 0-1/ 7-377)

Weiterer Besitz im Steiger

1246 Januar 1.
Friedrich, genannt Graf von Beichlingen, überlässt den Augustinernonnen – ***Kloster Neuwerk*** *(Erfurt) unter Propst Günther* ***4 ½ Hufen Holz im Wald Wagweide*** *(in silva, que vulgariter Wannwit appellatur), welche Beringer und Ludwig, Gebrüder genannt von Mellingen, von ihm erhalten und er von der Mainzer Kirche zu Lehen trägt; verspricht dem Kloster das Eigentumsrecht daran von der Mainzer Kirche zu erwerben.*

(Dob. Band 3 Nr. 3246)

1265 Oktober 1.
Werner, Erzbischof von Mainz, übereignet dem ***Neuwerk-Kloster zu Erfurt*** *auf Bitte seines Blutsverwandten, des Grafen Friedrich von Beichlingen, die in No. 3246 genannten* ***4 ½ Hufen Holz bei Erfurt*** *als Freigut gegen einen Freizins von 1 Pfund Wachs.* *(Dob. Band 3 Nr. 3337)*

Südlich des Nonnenholzes bei Orphal schließt sich der **Petergirn** an, ein spitz nach Osten zulaufender Keil oder Zwickel. Die gemeinsame Grenze mit dem Neuwerk-Holz ist mit Steinen aus Muschelkalk in einem Altweg festgelegt. Sie sind nur mit der Richtungsweisung am Kopf und Zahlen ab Nr. 14 abwärts nach Osten graviert.

linkes und nächstes Foto: westlicher Eckstein Nr. 14, Nonnenholz-Petergirn

Die Südwestgrenze ist deutlich mit einem Graben von ca. 20 cm Tiefe und ca. 50 cm Breite am Wegrain, möglicherweise auf Grund der Breite eine alte Vieh-Trift, abgegrenzt. Sonst ist hier nur ein Sandstein ohne Signaturen als deutliches Grenzzeichen zu finden.

unten rechts das Peterholz am Holzberg *(© GDI-Th, ALKIS)*

Südlich der beiden beschriebenen Wälder befindet sich das **Peterholz am Holzberg**. Sein Maß ist an der Westseite 335 m und liegt ca. 50 cm höher zum begleitenden, mit Hecken bestandenen Saum, der ein alter Triftweg sein könnte. Hier beginnt mit dem Eckstein Nr. 21 der Abschnitt bis Nr. 25 und endet an der Ecke Petergirn mit Nr. 1. Die Nordseite zum Kurfürstenschlag beträgt 273 m (Stein 1 bis 10) und die Ostseite zu dem Flurstück „Kleinen Hölzern" 202 Meter, von Nr. 10 bis 17.

1245 Juni 7.

Hermann, Vogt von Ziegenberg und dessen Sohn Hermann verkaufen dem Erzbischof Siegfried III. von Mainz die Hälfte der Vogtei Bursfeld und die Hälfte des Bramwaldes, womit sie bei Mainz zu Lehen gehen, für 200 Mark Silber, zur Hälfte zahlbar durch die

*Bürger von Fritzlar, zur Hälfte gesichert durch die **Verpfändung des erzbischhöflichen Allodiums Orvalle (Orphal)**…* *(Dob. Band 3 Nr. 1232)*

liegender, südlicher Eckstein Nr. 21 von 1723, der obere Teil von Schwert und Schlüssel wurde bei der Nummerierung abgeschlagen

Im Einnahmen- Ausgaben-Buch von 1777 erscheint das Peterholz mit dem „Capital" von 80 Reichstalern und erzielte 4 Rthl. Ertrag.

Nr. 25 der Nordwestseite und folgender Eckstein Nr. 1 von 1723

Erwähnenswert ist hier auch die östlich vom Kurfürstenschlag verlaufende alte Grenze zwischen dem Herzogtum Gotha und dem Königreich Preußen. Gesetzt sind hier größere Grenzsteine mit dem schreitenden Löwen auf Gothaer Seite, offenbar als Zeichen der Herren von Gleichen oder deren Nachfolgern der Fürsten von Schwarzburg-Sondershausen. Nach dem Aussterben der Linie Sachsen-Altenburg kam das Amt Tonna, zu dem Töttelstedt gehörte, zum Herzogtum Sachsen-Coburg und Gotha.

1.6. Die Waldung der Propstei Zelle

Der Vollständigkeitshalber soll hier die Waldung der Propstei Zelle, Zella Sankt Blasii als Teil von Zella-Mehlis erwähnt werden. Nach dem Einnahme-Buch des Petersklosters brachte die Propstei 450 Taler Einnahmen und hatte einen Wert von 9000 Talern. Der Wert des Waldes wird mit 2767 Talern, 6 Groschen und 2 Pfennigen angegeben. Er brachte 138 Taler, 8 Groschen, 8 ½ Pfennige Einnahmen.

1. 7. Das Peterholz bei Niedernissa am Haarberg

Der Nordhang des Haarberges, westlich der Landstraße 1052 von Klettbach kommend, ist mit Peterholz und Klosterholz bezeichnet. Hier liegt neben dem Wald des Klosters Peter und Paul das Ursulinenholz (siehe Abschnitt 1. 8.).

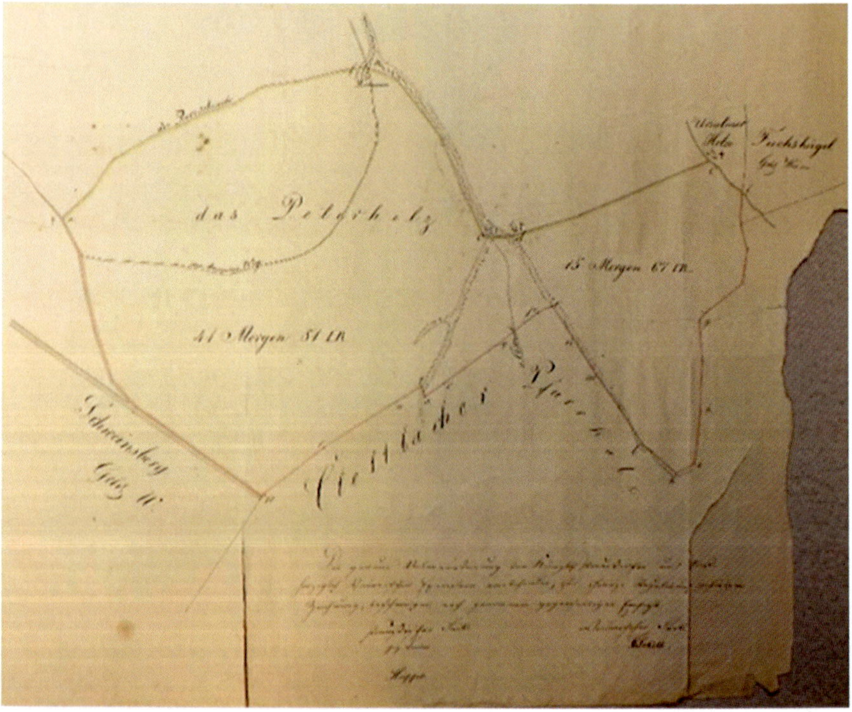

Peterholz zwischen Schweinsberg (links) und Fuchshügel (rechts) mit Anschluss Ursulinenholz (ThStAG; Sammlung Karten, G 1/18 a, b)

Auf der vorstehenden Karte „Peterholz zwischen Preußen u. Großherzogtum Weimar“ vom **18. Mai 1835** ist das westlich vom Fuchshügel liegende Peterholz mit 15 Morgen und 67 Quadratruten und westlich mit 41 Morgen und 81 Quadratruten eingezeichnet, Gesamtfläche 56 Morgen und 148 Quadratruten.
Im Einnahme – Ausgaben - Buch von 1777 hat das Peterholz ein Kapital von 2934 RThl., 17 Groschen und 9 Pfennigen. Erwirtschaft wurden daraus 146 RThl. 17 Groschen und 8 ¼ Pf.

Über den Ursprung des Peterholzes am Haarberg geben Urkunden Aufklärung:

1268 August 1.
Andreas, Abt des Petersklosters, erkauft von den Herrn von Linderbach (Gebrüder Marold, Ritter und Witego) das ***454 Acker enthaltende Petersholz bei Niedernissa*** *für 95 Mark Silber.* *(MVGAE)*

1268 Dezember 30.
Heinrich Graf von Hohnstein bekundet: dass die Brüder, der Ritter Marold und Witego von Linderbeche, ***ein Gehölz****, das sie von ihm zu Lehn getragen, gelegen neben dem Grafenborn (fons comitis) und anstossend an das* ***dem Peterskloster zu Erfurt*** *bereits gehörende, die Hirnzleite genannte, Grundstück, diesem Kloster verkauft und darauf ebenso wie auf 3 ihnen gehörigen Hufen in Nuyseze (Niedernissa), unter dem Herberge gelegen, bei ihm resignirt hätten, und er das Eigentum der genannten Grundstücke nun dem gedachten Kloster verliehen habe, wozu seine Gattin, Gräfin Mechtildis, und die älteren Grafen von Hohnstein, Theodoricus und Heinrich, ihre Genehmigung erteilt hätten.* *(MVGAE)*

Bei dem erwähnten Grafenborn dürfte es sich um die heutige Königsquelle handeln.

In der Zeit von **1603 – 1609** gibt es Beschwerden der Klöster St. Petri und St. Cyriaci in Erfurt sowie der Gemeinde Büßleben über die im Peterholz zu Niedernissa gemachte Salzlecke und die von ihren Gehölzen geforderte Landsteuer. *(ThStW)*

Wegen unklarer oder fehlender Grenzen zwischen den Waldstücken des Ursulinen- und Peters-Klosters wird 1729 ein Vergleich gemacht. Zur Klärung der Grenzziehung wird eine Visitation des Waldes vereinbart, die uns folgendes vom **13. April 1739** übermittelt: *Nach dem zwischen des Königl. Stiffts und Closters S.S. Petri et Pauli und Jungfräul. Closters Albarum Dominarum Gehöltzen in Niedernüßa und zwar deßen Fluhr von einiger Zeit verspühret worden, daß wegen Länge der Zeit einige Mahl-Steine theils von Waßer- Flüßen ausgespület, theils sonst versuncken und abgangen, und dießerwegen zwischen Beyderseits Gehöltzen wegen der Gräntzen gar leicht ein disput entstehen könnte:*

Alß seynd zu Vorkommung alles zukünftigen Irrthumbs nach gemeinschaftlichen gepflogener Unterredung Beyderseits Gehöltze in Augenschein genommen, und in gegenwart S.r Hochwürdl. Gnadl. des Herrn Prælaten Guntheri, und P. Antony Schüllers dermahligen Cellerary, Joannis Cleebauern Clösterl. HoltzFörsters, und dann von Seiten des Jungfräul.en Closters Herrn Hauptmanns Grasho als deren Vorstehers, item Bartholomæus daßelben HoltzFörsters und anderer Steinsetzer von Nieder-Nüßa sowie es nöthig von neüen Versteiniget auf folgende maßen: *(BAE; I. 6. 35)*

Die Ursache für das Ausspülen von Grenzsteinen könnte Starkregen in der „Kleinen Eiszeit“ gewesen sein. Neben Grenzsteinen werden am Anfang auch zwei mit Kreuzen gezeichnete Birnbäume als Grenzbäume genannt. Mit derartig markierten Bäume waren die Waldgrenzen ursprünglich, vor der Grenzsteinsetzung markiert. Ein schönes Beispiel einer Marke am Baum ist im Kloster Admont erhalten.

Abdruck des Wappens des Klosters Admont in einer Buche (Museum Admont)

Weiter erfahren wir aus dem Grenzprotokoll, dass unter „Rudera“, Stümpfen von abgebrochenen Grenzsteinen, neben *ohntrüglichen Schiefersteinen sogar eine Platte von*

rother Masse wie Wachs unterlegt war. Unter dem Ersten, neu gesetzten Stein wurden *Aposteln, einige Schiefer Stücklein und ein Benedictus gelegt*. Bei Aposteln und Benedictus könnte es sich um Tonfiguren handeln. Es werden 14 Steine aufgeführt. Gemessen wurden die Entfernungen zwischen den Grenzsteinen in Ruten und Schuh. Der Erfurter Schuh hat 0,28326 m, die Wald-Rute 14 Schuh = 3,966 Meter.
Die Waldfläche am Fuchshügel hat die Bezeichnung „Streitfleck", was von der unklaren Grenze herkommen könnte.
Im Jahr **1773** wurde erneut eine Kommission gebildet, die die Grenzen am Haarberg zwischen den zwei Ursuliner-Flächen und dem Peterholz festlegen sollte.

Nachdem bis anhero zwischen dem Hochwürdigen Kloster St. Petri u. Pauli an einem, und dem Hochwürdigen Junferl. Kloster St. Ursula am andern Theil, in Ansehung der Holtz Vermarckungs Grentze zwischen Dero aufeinander stosenden Höltzern, am so genannten Peter-Holtze, durch Veranlaßung derer versunckenen umgefallenen, und theils auch gantz und gar weggekommenen Steinen, theils aber auch an gantz und gar noch nicht versteinigten und der Veränderung bey Absuchen der Höltzer sehr unterworffenen Holtzwegen, so bis anhero die Grentze vorgestellet haben, viele Unrichtigkeiten gewesen woraus allerhand Verdruß sich ergeben hat. So ist von ***Hochwürdigen Kloster St. Petri*** *der* ***Churfürstl. Mayntzische Ober Leutnant Herr Klebauer*** *und von dem* ***Hochwürdigen Kloster St. Ursula*** *der* ***Hertzogl. Sachßen Weimarl. Wildmeister*** *Herr* ***Sckell*** *zu* ***Troistedt*** *ersuchet, sich aufs Holtz zusammen zu begeben, und als erbethene Schieds-Freunde, in Gegenwart einiger Deputierte aus denen Würdigen beyden Klöstern, sich wegen unrichtigen Orten, einer Berichtung, Vergleichung, und ReSp. güttlichen Auseinandersetzung, womögl. keinen Convent zum Nachtheile zu bewürcken, und deshalb ihre Gedancken von der Sache in einen Vortrag zu bringen. Als hierauf Acto den 17ten May. 1773 PrStbs. obgedachter Herr Ober* ***Leutenant Klebauer*** *und dann* ***Ihro Hochwürdigen Herr Pater Sub Prior Ihro Hochwürden Herr Pater Kellner*** *vom* ***Hochwürdigen St. Petri Kloster.*** *Der Herr Wildmeister* ***Sckell*** *und der Herr Vorsteher* ***Catani*** *vom* ***Hochwürdigen Kloster St. Ursula****. Übrigens auch noch der* ***Fürstl. Weimarl.*** *Hof und Jagd Juncker Herr Otto, Joachim Moritz von* ***Wedel*** *als Junge und Herr* ***Anton Frantz von Gudenus****, der Jägerey beflißener von Erfurth auch als Junge, um 9 Uhr Vormittag am* ***QuaeStionier****ten Peter,, Holtze und zwar am Schweinsberge zusammen kommen waren.* *(BAE; I. 6. 35)*

An der Klettbacher Straße, am langen Rain, der längsten gemeinsamen Grenze zwischen beiden Klosterhölzern, gab es bisher gar keine Steine.
Bei abgebrochenen oder neu festgelegten Steinen wurden in Grubenlöcher Pfähle, mit fortlaufender Nummerierung, eingeschlagen. Die vorgeschlagenen Veränderungen wurden den Konventen beider Klöster vorgelegt und **1774** am **16. u. 17. Mai** umgesetzt.

Es waren bey dieser Verrichtung gegenwärtig vom Kloster St. Petri u. Pauli, des Herr Pater Kellners Dagoberti Ehlers Hochwürden des Hr. ConSulent Sigmund Winkopp des zeitigen Kloster-Schreibers Hr. Daniel Germann u. dem Hr. Ober Lieutenant Johann Philip Kleebauer hierzu requirirt u. bestellter Commissarius. Von Seiten des Klosters S. UrSulae der Herzogliche Sachßen Weimarische Hr. Wildmeister Johann Christian Sckell qua requirireter und schrifil. authoriSirter Commissarius, deßen Hr. Sohn Joh. Friedrich Christian Sckell, nebst dem zeitigen Vorsteher des Kloster S. UrSula Hr. Joh. Frantz Cattani ingl. von Seiten der Gemeinde Niedernüße der Ober-Heimbürge Heinrich Gebßer, der Unterheimbürge Joachim Krößе. Die Vormundschafts Verwanden Johann Michael Mende, und Nicolaus Maroda, zugleich beyderseitiger Vormahligen Holtz-förster als Johann Mattheus Kleebauer von Melchendorff, vom S. Peter Holtz und Joh. Georg Kühn von Wünschenholtzhausen vom S. UrSuliner Holtz. *(BAE; I. 6. 35)*

Es wurden alle Steine nochmals angemessen. An beiden Ursuliner-Holz-Grenzen wurden jeweils 16 neue Grenzsteine, zum Teil wechselseitig, an die jeweilige Seite der Klösterhölzer gesetzt, um Nachteile zu vermeiden.

*Nr. 24 der **G**emeinde **S**ankt **U**rsula, gleichzeitig Nr. 3 des Peterholzes*

Erwähnenswert ist aus **1773** auch die Mitteilung „*es wären aber alte Leuthe vorhanden, so man nöthigenfals deshalb könnte in den Ämtern abhören lassen*". Seit dem Mittelalter wurde die Übermittlung der Grenzverläufe durch Vertreter der Gemeinden, Feldgeschworenen, Schöffen und Heimbürgen, später auch durch herrschaftliche Schulzen an junge Burschen mündlich weiter gegeben. 1773 sind diese Zeugen neben dem vorhandenen Riß (Landkarte) für die Beamten noch eine wichtige Quelle.

Folgende Tabelle gibt den Überblick über die Entfernungen der beiden Grenzbereiche mit der Umrechnung in Metern an.

Nr.	**Ruten/Meter**	**Schuh/Meter**	**Meter gesamt**
1 - 2	2	9 ½	
	7,93	2,69	10,62
2 - 3	6	1 ½	
	23,80	0,43	24,23
3 - 4	10	10	
	39,66	2,83	42,49
4 - 5	13	11	
	51,56	3,12	54,68
5 - 6	8	4 ½	
	31,73	1,28	33,01
6 - 7	5	13 ½	
	19,83	3,82	23,65
7 -8	10	12 1/2	
	39,66	3,54	43,20
8 - 9	9	3	
8 mit 92°	35,69	2,55	38,24
9 - 10	11	4 1/2	
	43,63	1,28	44,91
10 - 11	9	11 1/2	
	35,69	3,26	38,95
11 - 12	5	8	
	19,83	2,67	22,50
12 - 13	14	12	
	55,52	3,40	58,92
13 - 14	5	7 ½	
	19,83	2,12	21,95
14 - 15	9	13 ½	
15 mit 123°	35,69	3,82	39,51
15 - 16	16	6 1/2	
	63,46	1,84	65,30
15 - 17	18	1 ½	
	71,39	0,43	71,82

17 - 18	10	9 ½	
	39,66	2,69	42,35
Gesamt:			**676,33**
2 - 3	6	5 1/2	
	23,80	1,42	25,22
3 - 4	10	10	
	39,66	2,83	42,49
4 - 5	20	12	
	79,32	3,40	82,72
5 - 6	8	12 ½	
	31,73	3,54	35,27
6 - 7	15	1	
	59,49	0,28	59,55
7 - 8	11	5 ½	
	43,63	1,42	45,05
8 - 9	10		
	39,66		39,66
9 - 10	12	4	
	47,59	1,13	48,72
10 - 11	7	4	
	27,76	1,13	28,89
11 - 12	10	7	
	39,66	1,98	41,64
12 - 13	8	12	
	31,73	3,40	35,13
13 - 14	6	3 ½	
	23,80	0,99	24,79
14 - 15	6	13	
	23,80	3,68	27,48
15 - 16	9	8 ½	
	35,69	2,82	38,51
Gesamt:			**575,34**

Exkurs

Federzeichnung Forsthaus; im Besitz Fam. Menger

Beim Aufsuchen des Forsthauses Troistedt 2022 für Fotoaufnahmen wurde ich herzlich empfangen und aufschlussreich die Geschichte des Gebäudes erklärt. Der Müller und Urgroßvater des 89jährigen Erich Menger ersteigerte das nicht mehr gebrauchte Forsthaus (ein ehemaliger Wehrhof) mit einigen Hektar Land 1880 für 3000 Taler als Landwirtschaftshof

Hier soll etwas intensiver auf das 1773 erwähnte **Forsthaus in Troistedt** eingegangen werden. Einerseits auf Grund der Begegnung mit den heute dort wohnenden Besitzern, Familie Menger und andererseits wegen erwähnenswerter Forstbediensteter.

Zu den Ursprüngen für den Besitz des Klosters Oberweimar und Schottenkirche Erfurt geben folgend die Urkundentexte Auskunft.

1250 Dezember 3.

*Dietrich, Graf von Berka, überläßt dem **Kloster Weimar** unter Propst Gebhard das Wäldchen **Stocke bei Troistedt** für 2 Hufen bei Mittelhausen, 1 Wiese daselbst, 1 Hufe in Tiefthal und 38 Mark Silber.* *(Dob. Band 2 Nr. 1856)*

1258 Januar 19.

*Hermann, Graf von Orlamünde, bestätigt der **Kirche der Schotten zu sankt Jacob in Erfurt** den **"Skothenholz" genannten Wald bei Troistedt**, den Albert, weil. Ritter*

genannt von Döbritschen, der Kirche geschenkt hatte, und genehmigt den ... vereinbarten Vergleich... *(Dob. Band 2 Nr. 2626)*

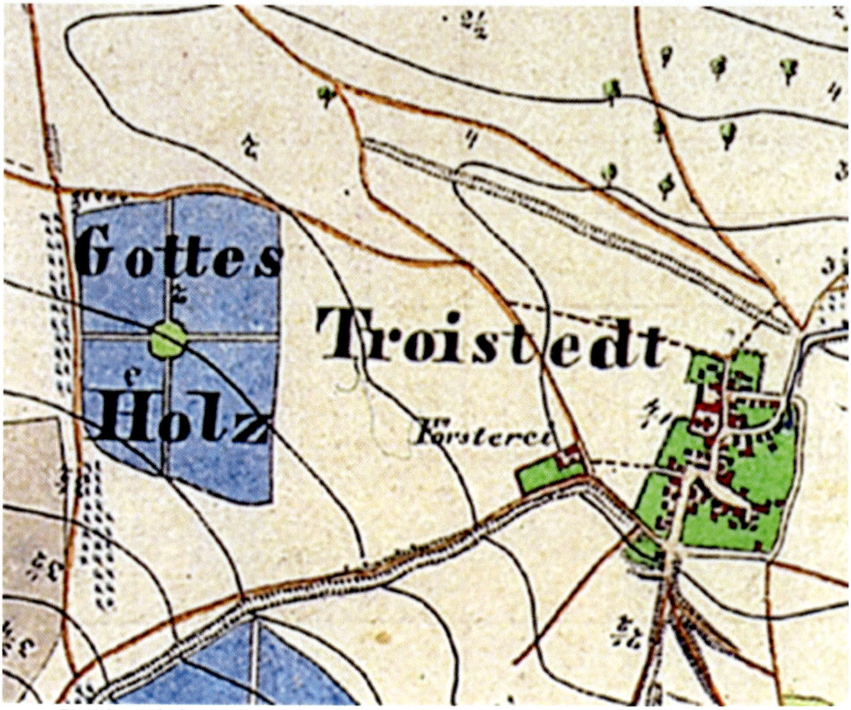

Das Gottesholz als Jagdanlage mit Sichtachsen, die vom Wald zurückerobert wurden. (© TLBG Topographisches Feldoriginal-Urmesstischblatt 5033_Weimar_1853; Ausschnitt)

1260 Februar 5.

*Rudericus, Abt und der Konvent des **Klosters Sankt Jakobi in Erfurt**, verkaufen den **Nonnenkloster** in (Ober-) **Weimar** für 38 Mark Silber ihr **Gehölz bei Troistedt**.*
(Dob. Band 3 Nr. 111)

1271 Juli 4.

*Albert von Eichelbergk, seine Gemahlin Hedwig und sein Sohn Walter, Pfarrer zu Troistedt, geben ihren Konsens zu dem Verkaufe, wanach ihr Schwager und Bruder Bruno mit Einwilligung seines Bruders Heinrich dem **Kloster zu Oberweimar** unter Propst Albert drei freieigene Hufen zu Troistedt, eine Hufe, die Heinnrich von Hailsdorff und 1 ½ Hufe, welche die Söhne B.`s zu Lehen hatten, **samt allen Gehölzen bei Nohra und Berka** verkauft hat; verzichtet auf das Patronatsrecht der Kirche (zu Troistedt); lassen mitbesiegeln Hermann und Otto, Grafen zu Orlamünde.* *(Dob. Band VI, Nr. 638)*

1271 August 20.

Hermann, Graf zu Orlamünde, bestätigt dem ***Kloster Oberweimar*** *unter Propst Albert 3 Hufen zu Troistedt nebst Zubehör,* ***ausgenommmen das Gehölz bei Nohra gegen Berka****, die es von den Gebrüdern Bruno und Heinrich von Troistedt, seinen Ministerialen, unter Zustimmung ihrer Miterben Alberts von Eichenberc und Hedwigs, der Schwester, und des Schwagers des vorgenannten Bruno, und Heinrich von Troistedt, Pfarrer zu St. Christopherus in Österreich, käuflich erworben hat.*

Zeugen: Gottschalk, Pfarrer zu Orlamünde und sein Kapellan Hildebrand, Johannes, Pfarrer in Crossen; die Laien: Hermann von Eichelborn, Hugo von Dannheim, Friedrich von Synderstedt, Dietrich von Crossen, hermann und Otto, Gebr. gen. „de valva", Hermann gen. Vlans. *(Dob. Band VI, Nr. 661)*

1278 Febr. 16.

Albert von Eichelberg, seine Gemahlin Hedwig, ihre Kinder ... verkaufen an ***Kloster Oberweimar*** *eine Hufe zu Troistedt, die Ludeger besessen hat, und einen östlich der Kirche gelegenen Hof; bestätigen, daß mit ihrer Erlaubnis Reinhard genannt Polldrus u. seine Gemahlin eine halbe Hufe,* ***einen Hof u. 8 Acker Holz zu Troistedt*** *dem genannten Kloster übergeben haben.* *(Dob. Band 4 Nr. 1501)*

Westlich des Dorfes Troistedt befindet sich ein Wald mit der Flurbezeichnung **Gottesholz**.

„Graf Hermann II. von Orlamünde stiftete 1244 das Zisterzienserinnen Nonnenkloster Stankt Peter und Paul in Oberweimar als Grablege und zur Unterbringung weiblicher Mitglieder der Familie." *(Wikipedia)*

In diesem Zusammenhang muss der Kloster- und spätere Wehr-Hof in Troistedt entstanden sein. Dieser wird vermutlich am 16. Februar 1278 als *östlich der Kirche* genannt. Nach Aussage des E. Menger kam der Hof nach der Reformation zum Herzogtum Sachsen Weimar (ab 1741 Sachsen-Weimar-Eisenach).

Als Jagdgäste zählt E. Menger J. W. v. Goethe (1775?) und Bertuch (Friedrich Justin) auf, die sich beide mit einer Gravur ihres Namens in Fensterscheiben vom Gästezimmer verewigten.

Große Bedeutung für das Forsthaus und das Herzogtum Weimar hatten die über den Förster stehenden Wildmeister Johann Christian Sckell und Johann Gottlob Botz.

Gedenkplatte an der Mauer des ehemaligen Forsthauses Troistedt

Nachfolgende Zeilen sind einem Flyer (unbekannten Autors) aus dem Besitz der Fam. Menger entnommen:

Forsthaus Troistedt
Verdienstvolle Wildmeister im ehemaligen Troistedter Revier
Johann Georg Christian Sckell
Fürstlicher Wildmeister im Troistedter Revier
geb.: 6. August 1721 in Eisenach
Vater: Johann Valentin Sckell Wildmeister in Marksuhl
Mutter: Dorothea Regina Patrin

mit 17 Jahren Lehre in Forst und Jagdwesen beim herzoglichen Oberforstmeister von Linzig.
Vertiefung der Ausbildung in Geometrie, Jagd- und Forst-Wesen bei Oberförster Ludwig in Dondorf.
Am 8. Februar Heirat mit Johanna Eleonore Güttig, Tochter des Johann Philipp Güttig, Verwalter der Güter in Schwerstedt.

Tätigkeiten:
Ab 1738 Jägerbursche bei Oberforstmeister von Linzig in Eisenach
Ab 1743 Beigeordneter bei seinem Vater
Ab 29. August 1747 Beigeordneter bei Oberförster Abt in Troistedt
Ab 14. Juni 1756 Oberförster in Troistedt
Ab 17. Februar 1764 fürstl. Wildmeister in Troistedt

Verdienste: Erhöhte das Einschlagalter von Beständen wo vorwiegend Rotbuche wuchs von 15 – 30 Jahren auf 60 Jahre. Dadurch wurde ein wesentlich höherer Holzertrag erzielt.

Erfassung der gesamten Waldbestände mit Ermittlung des Holzertrages je Fläche für alle Wälder des Weimarer und Eisenacher Landes (Anwendung der Geometrie bei Bestanderfassung und Flächenberechnung)
Ausbildung von 37 einheimischen und ausländischen Personen in Jägerei, den Forst- und geometrischen Wissenschaften, darunter 12 von Adel.

Johann Gottlieb Heinrich Botz
Fürstlicher Wildmeister im Troistedter Revier

geb.: 22. Dezember 1771 in Heyda bei Ilmenau
Vater: Johann Nikolaus Botz, Amtsschultheiß in Heyda
Mutter: Margarethe Barbara Schmidt

Mit 20 Jahren am 2. Februar 1792 Beginn der Forstausbildung
Seine Verbindung zum Herzog Carl August ist ein besonderer Inhalt seines Lebens. Es war ein Zufall, daß er bei einer Jagd des Herzogs in Heyda von diesem aus den Zuschauern herausgegriffen, auf sein Pferd gesetzt, nicht abgeworfen wurde und mit dem eigensinnigen Pferd die Reitprobe bestand. Von da an war er ständiger Jagdbegleiter von Carl August, wurde sein Leibjäger.
Am 22. Januar 1804 Heirat mit Johanna Juliane Ernestine Gerlach, Tochter des Oberförsters Johann Heinrich Gerlach in Berka an der Ilm und Enkelin des ehemaligen Wildmeisters Johann Christian Sckell zu Troistedt.
gest.: am 20. Februar 1849 in Troistedt.
Tätigkeiten:
Ab 1. März 1775 im Jäger- und Schützenbatallion von Major Germar
Ab 14. März 1797 Jagdaquaruais bei Herzog Carl August in Weimar.
Ab 7. Nov. 1803 Leibjäger von Carl August und Verantwortlicher der Weimarer Baumschulen
Ab 22. Nov. 1808 Leibjäger und Forstbedienter für das Troistedter- und Eichelborner-Revier
Ab 1846 zu 50- jährigen Dienstjubiläum Wildmeister in Troistedt.

Verdienste:
Arbeitet mit Goethe eng bei der Einrichtung des Weimarer Parkes zusammen, ihm unterstanden die Baumschulen, wo besonders die Aufzucht seltener Bäume erfolgte. Gleiches erfolgte um 1816 als das Städtchen Berka als Schwefelbad eingerichtet wurde. Setzte die bis dahin erarbeiteten theoretischen, forstwirtschaftlichen Erkenntnisse konsequent in die Praxis um.

Forstbedienstete im Troistedter Revier

1544 – 1569	Hess, Peter	Revierverwalter
1570 – 1594	unbesetzt	
1594 – 1618	Salzmann, Andreas	leitender Forstknecht
1686 – 1707	Stockmar, Hans Just	Oberförster
1707 – 1728	Langheld, Johann	Oberförster
1728 – 1748	Abt, Johann Siegmund	Oberförster
1747 – 1778	**Sckell, Johann Christian**	Wildmeister
1778 – 1806	Sckell, Johann Ludwig	Wildmeister
1810 – 1849	**Botz, Johann Gottlieb**	Wildmeister
1849 – 1858	Hoffmann, Johann Heinrich	Revierförster
1858 – 1861	Böhme, Gottfried Moritz	Revierförster
1861 – 1862	Voigt, Friedrich	Revierförster
1864 – 1877	Wagner, Anton Friedrich	Revierförster
1880 – 1880	Peter, Emil	Oberförster
1880	Die Verwaltung des Troistedter Reviers wird nach Berka/ Ilm verlegt. Der Förster übersiedelt. Das Forsthaus in Troistedt wird nicht mehr belegt und verkauft.“	

Nach Aussage des Herrn Menger war die bessere Anbindung von Bad Berka durch die Eisenbahn der Grund für den Verkauf des Forsthauses Troistedt.
Johann Georg Christian Sckell entstammt einer dänischen Gärtner- und Malerfamilie, die in Weimar eine bedeutende Rolle spielte und die Forstwirtschaft modernisierte. Das Geschlecht Scheel, auch Skeel, zählt zum dänischen Uradel und führt sich auf den 1366 belegten Johannes Skeel zurück. *(Wikipedia Danmark)*
Bei der Suche im Online-Telefonbuch ist der Name Sckell nur noch im Süden der Bundesrepublik zu finden.

Hier sind weitere **Forstpioniere** dieser Zeit in Thüringen zu nennen:

Cotta, Heinrich

geb. 30. Oktober 1763 in Zillbach, gest. 25. Oktober 1844 in Tharandt

Der Wirkungskreis, Forsthaus Kleine Zillbach, befand sich in der Sachsen-Weimarischen Exklave im Herzogtum Sachsen-Meiningen. Sie war durch Meiningisches Gebiet von der Exklave Zillbach getrennt.
Die verstorbenen Eltern Heinrich Cottas durften nicht über Meiningisches Gebiet geführt werden und sind am Forsthaus beerdigt.

In Zillbach entstand aus der notwendigen Forsttaxation und Vermessung der Wälder unter Leitung des Vaters, Oberförster Nicolaus Cotta, 1788 eine kleine, private Forst- und Jagd-Schule. In dieser lehrten Nicolaus und später auch Heinrich Cotta erstmals praktische forst- und jagdliche Erfahrungen und Grundsätze der Verwaltung (Kammer). Ihre Schule gilt mit als Wiege der modernen Forstwirtschaft. Am 27. März 1795 wurde Heinrich Cotta Forstbediensteter Oberförster und Wildmeister. Der Herzog übernimmt das Protektorat über die Schule und bestätigt diese offiziell. Aus Platzgründen erfolgt die Übersiedlung der Schule von der „Kleinen Zillbach“ in das Jagdschloss nach Zillbach.

(Abbildung: Wikipedia)

Im Jahr 1800 wird H. Cotta zum Forstmeister der Eisenacher Forstdirektion ernannt. Seine Aufgaben umfassten die Direktion der Forstschule, Leitung des Zillbacher Forstreviers mit sieben Revierförstern, Forschungsarbeiten und Veröffentlichungen.

H. Cotta führte ein ausgefülltes und zufriedenes Leben in Zillbach, als er das Angebot vom Sächsichen Königshaus erhielt, in Sachsen seine Arbeit fortzusetzen. Nach anfänglichem Zögern nahm er das Angebot in Sachsen an und gründete im Ort seiner ausdrücklichen Wahl, in Tharandt, eine neue Schule. Diese wurde 1816 zur Akademie und existiert bis heute

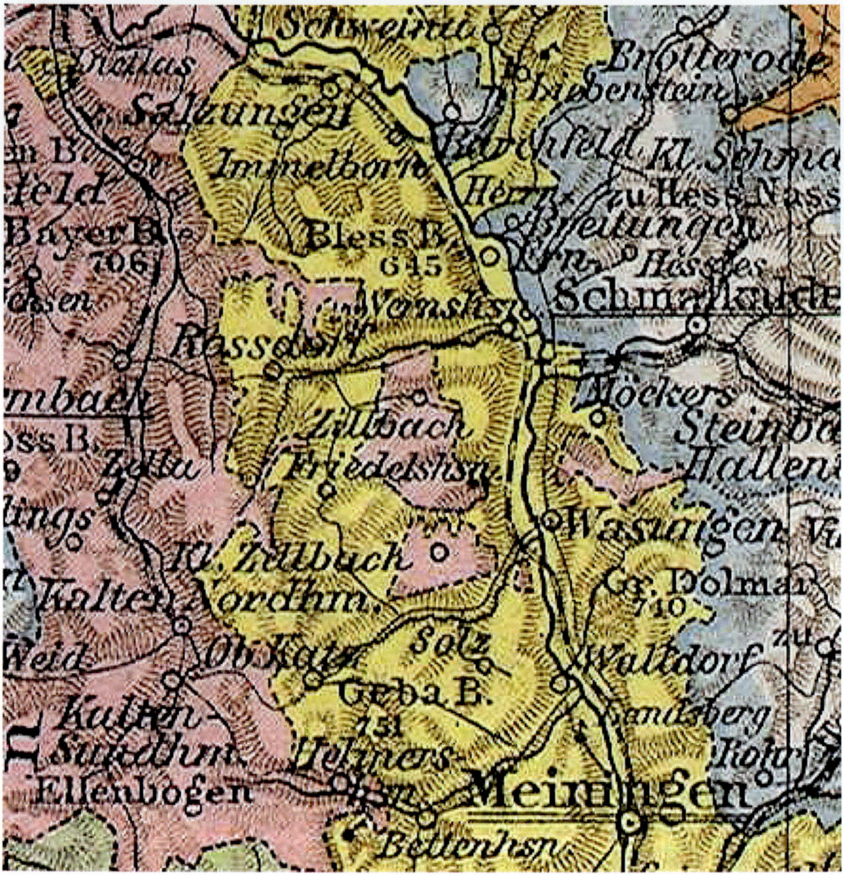

Besondere Kleinstaaterei in Thüringen (Wikipedia; Ausschnitt Thüringische Staaten von 1890)

Auf dieser Karte sind die Sachsen-Weimar-Eisenach Gebiete rosa, die Sachsen-Meiningischen gelb dargestellt. Die waldreiche Gegend von Zillbach, auch „Klein Sibirien“ genannt, wurde bei der Landesaufteilung der Herzogtümer bewusst vom jagdbesessenen Weimarer Herzog für die Jagd ausgesucht und festgelegt. Entschieden über die Dörfer wurde z.B. nach deren Einwohnerzahl und nach Gutdünken, ohne Rücksicht auf alte, bestehende Zusammenhänge.

Gottlob König, Oberforstrat und Doktor (geb. 1779, gest. 1849)
Der aus Hardisleben stammende G. König war Schüler von Nicolaus und Heinrich Cotta in Zillbach. Nach Einsatz als Jäger im herzogl. Jägerchor, Gehilfe bei Forstgeschäften, Forstkondukteur und Oberjäger in der forstlichen Lehranstalt in Zillbach wurde er am 02. Juli 1805 Forstbedienter in Ruhla. Hier betrieb er auf der Weimarer Seite im geteilten Ruhla eine Forstliche Meisterschule von 1805 bis 1830.

(Wikipedia)

Zum Oberförster wurde er am 05. Januar 1813 ernannt. 1819 ernannte man ihn zum Forstrat und zum designierten Leiter der in Berlin zu errichtenden Forstakademie. G. König wurde 1821 die Leitung der neuen Forstvermessungs- und Taxationskommission bei weiterer Tätigkeit als Revierverwalter und Leiter der Forstlehranstalt übertragen. 1829 wurde er Forstoffizier und Berater für das Technische und Forstwissenschaftliche im Oberforstamt Eisenach sowie Leiter der Landesforstschule und der Vermessungs- und Taxationskommission in Eisenach. Oberforstrat im Rang eines geheimen Kammerrates wurde G. König 1837 und leitete die Forstschule weiter.
Die Forstschule erhielt 1905 den Status einer Forstakademie und existierte bis 1915.

In diesem Haus in Ruhla befand sich die Forstschule von G. König

Johann-Matthäus Bechstein, Doktor (geb. 1757, gest. 1822)
Der in Waltershausen geborene Bechstein studierte von 1778 bis 1781 in Jena Theologie und Philosophie zusätzlich Natur- Forst- und Kameral-Wissenschaften. Nach dem Studium betätigt er sich als Prediger und Privatlehrer, absolviert drei Praktida als solcher und gibt sein Wissen über die Natur im Salzmannschen Philantropin Schnepfenthal bei Waltershausen ab 1785 als Lehrer weiter. Ab 1794 richtete er in der erworbenen Kemnote in Waltershausen eine private Forstschule ein. Wegen fehlender Unterstützung des Herzogs durch eine „Indeskretion" Bechsteins, er verrat der Herzogin beim langen Warten auf die Audienz die Pläne zur Forstschule, wandte dieser sich 1799 nach dem Herzogtum Sachsen-Meiningen.

(Wikipedia)

Dessen Herzog Georg I. kannte er persönlich von den, auch bei den Herzögen beliebten, Kirmsen in Ruhla. Im Jagdschloss Dreißigacker errichtete Bechstein eine neue Lehranstalt, die 1803 Forstakademie wurde. Auch nach dem Tod des Herzogs 1803 wurde die Schule durch die Herzogin Luise Eleonore in der schweren Zeit der Napoleonischen Besetzung unterstützt und existierte über den Tod Bechsteins hinaus bis 1846.

Das Herausragende des J.-M.-Bechstein ist die Betreibung der Forstschule als studierter und forschender Naturwissenschaftler. Er gründet die Gelehrtengesellschaft „Societät für Forst- und Jagdkunde" und deren Gesellschaftsschrift „Diana". Durch seine Kontakte und Veröffentlichungen ist er über die Landesgrenzen hinaus bekannt. Hervorzustreichen sind seine Schriften, „Naturgeschichte der Stubenvögel", „Gemeinnützige Naturgeschichte Deutschlands" und „Musterung der schädlichen Tiere". Er ist damit ein Vordenker des Naturschutzes und gilt als „Vater der deutschen Vogelkunde". Von seinem Wirken profitierte **Christian Ludwig Brehm**, Pfarrer in Schönau vor dem Walde, der neben dieser Tätigkeit ein bedeutender Ornithologe war. Sein Sohn **Alfred Brehm** führte die Forschung mit Säugetieren fort und veröffentlichte „Brehms Tierleben" in 13 Bänden.

So brachten die drei genannten Thüringer Forstpioniere entscheidende Impulse für eine verbesserte Forstwirtschaft über die Landesgrenzen hinaus und den Aufbau der überstark genutzten Wälder sowie deren genaueren Vermessung. Die bisher praktizierte Forstwirtschaft brachte in den 3 Jahrhunderten nach den Engpässen um 1500 nicht den gewünschten Erfolg, den gesteigerten Energie- und Holzbedarf aus den Wäldern für die fortschreitende Technische Revolution zu decken. Auch wenn in dem Herzogtum Gotha im 16. und 17. Jahrundert Forstordnungen erlassen wurden, besserte sich die Lage für die Wälder bei der fortgeführten intensiven Nutzung mit Beweidung nicht. Die Nachhaltigkeit wurde 1713 vor dem Hintergrund einer zunehmenden überregionalen Holznot von **Hans Carl von Carlowitz** (1645–1714), **Oberberghauptmann** in Kursachsen, begründet.

„Wird derhalben die gröste Kunst, Wissenschafft, Fleiß und Einrichtung hiesiger Lande darinnen beruhen, wie eine sothane Conservation und Anbau des Holtzes anzustellen, daß es eine continuirliche beständige und nachhaltende Nutzung gebe, weiln es eine unentberliche Sache ist, ohne welche das Land in seinem Esse [Wesen] nicht bleiben mag.“ *(Sylvicultura Oeconomica 1713)*

Als Verantwortlicher für den Bergbau hatte er die Zulieferung mit Holz für Berg- und Hütten-Werke im Blick.

Neben der besseren Waldpflege und der Aufzucht und Pflanzung von Jungbäumen wurde der Wald durch vemehrten Einsatz von bergbaumäßig gewonnener Kohle entlastet. Hierzu gab es im Bereich Thal (Öhrenkammer), Kleinschmalkalden (Altal und Stollen-wand) oder Bad Tabarz (Lauchagrund) einige Bergwerke, die aber qualitativ und quantitativ nicht ergiebig waren. Auch wenn die Schmiede und Schmelzer die gewohnte, raucharme Holzkohle weiter bevorzugten, setzte sich die Steinkohle und später der bessere Steinkohlenkoks durch.

Dass die Aufforstung übernutzter, bloßer Waldflächen vor allem mit Fichten zur Zeit der oben erwähnten Forstpioniere eine **Notlösung** war, an der man vielfach bis heute mit dem „Brotbaum der Forstwirtschaft“ Fichte festhielt, zeigt sich durch Trocken- und Borkenkäferschäden heute sehr deutlich. Nachhaltige Waldzusammensetzung wird dadurch dringlich.

Weiterer Waldbesitz

1146 August 12. *- Erfurt*

*Heinrich, Erzbischof von Mainz, bestätigt dem **Peterskloster zu Erfurt** 1 Mühle und 8 Hufen mit ebensoviel Hofstätten (curtilibus) und **2 Wäldchen zu Bickenriede** (Bichenried), 3 Hufen zu Ellenhartesrode, 2 Hufen zu Hizwinckele, 2 Hufen, 1 Wiese und 3 Leibeigene zum Ministerialrecht (iuri ministerialum) zu Kirchberg, 1 Hof mit 3 Hofstätten, 4 Hufen, **dem umliegenden Walde**, einer Kapelle auf dem Hofe und 3 zu* *dieser gehörenden Hofstätten zu Ascherode (Escherichsesrode), je 1 Hufe zu Hortene, Kenetenhusen, Wachstedt und Gunzerode, sowie 3 Hufen zu Ascherode, die alle dem Kloster die Freien Folrad und Hertag, Gebrüder, bei ihrem Eintritte in dasselbe mit Zustimmung ihres Bruders Hermann und ihres Vetters (patrui filio) Dietmar zugewandt haben. Zeugen die Pröpste: Heinrich vom Marienstift zu Erfurt, Adelhart vom Severiestift, Sin(z)o der Regulierten, Folpert von sankt Cyriax; der Erzpriester Berthold, Werner, Abt des Peterskloster, Lambert, Graf, Friedrich v. Beichlingen; die Ministerialien: Hartung, Werner und Sigibolt.* *(Dob. Band 1 Nr. 1555)*

1304 Juni 5.

*Friedrich, Graf v. Rabinswalt, eignet dem Peterskloster **42 Acker Gehölz** von dem Grebenize genannten, **innerhalb der Grenzen der Schlösser Tondorf und Berka gelegenen Walde**, die vorher der Burgmann Berthold Cloz in Tondorf als Lehn von ihm besessen, der darauf aber freiwillig verzichtet.* *(MVGAE)*

Unter dem 19. Abt **Johann von Brunheim**, der aus einer Erfurter Patrizier-Familie stammt, *vermehrten sich die Revenüen* (Einkommen) *des Klosters..., Hermann, Graf von Gleichen, schenkte **1314** dem Peterkloster eine Hufe Land zu Frienstedt, eine halbe Hufe zu Ermstedt, **25 Acker Wald bey Wittern*** (Witterda), *und verkaufte dem Kloster 3 Hufen zu Hockstedt und 14 zu Mühlhausen.*
1317** kaufte Abt Johann verschiedene Grund- und Jurisdictions-Stücke zu Tiefthal und Walschleben für 110 Mark reinen Silbers und **Ernst von Ziegenberg schenkte 1318 dem Kloster 70 Acker Waldung im Eitersberg bey Tonna. *(P. Muth; S. 33)*

Zu den erwähnten *Jurisdictions-Stücke* ist zu sagen: Auch die Klöster konnten für ihre Gebiete die Niedere- und auch die Hohe-Gerichtsbarkeit über „Hand und Hals", die Blutgerichtsbarkeit, besitzen. Auch dieses Privileg war eine Geldeinnahme, da die Verurteilten die „Behandlung" (auch Folter), das Verfahren, Strafgelder und den Henker bezahlen mussten. Haus und Grundstücke konnten eingezogen werden.

1599 Februar 2.

*Wiederverkaufsverschreibung des **Petersklosters Erfurt** über das **Klosterholz zu Tiefengruben an den Rat zu Erfurt**.* *(StAE; O-O/B 04-020b)*

Fazit: Das Peterskloster sticht mit den vielen überigneten Waldflächen im Verhältnis zu den anderen Klöstern heraus. Seine besondere Bedeutung in Thüringen wird auch mit den Waldvergaben deutlich.

2 . Die Ursulinenhölzer am Fuchshügel und Schweinsberge

1667 übernehmen 6 Ursulinerinnen, 4 Französinnen aus Metz und Mâcon, 2 Schwestern aus Kitzingen, die Stiftung des Klosters der Magdalenerinnen durch Fürstbischof Johann-Phillipp von Schönborn. Die letzte Magdalenerin verstirbt 1685. Das Kloster wird 1198 gegründet und übernimmt wohl die Gebäude der seit 1136 bestehenden Augustinerchorfrauen. Die Magdalenerinnen, wegen ihres weißen Habitus auch Weißfrauen genannt, bestanden aus bekehrten Prostituierten und gefährdeten Frauen.

Plakette am Ursulinenkloster am Erfurter Anger

Über die Waldvergaben unterrichten folgende Urkunden:

***1267**:*
*Die Brüder Hermann und Otto, Grafen von Orlamünde, genehmigen lehensherrlich den Verkauf von **17 Ackern Holz am Hirnzberge** bei Melchendorf an Theodorich, den Sohn des Hartung Scheel, Bügers zu Erfurt, in Vertretung des **Weissfrauenklosters** seitens der Gebrüder Marold und Witego von Linderbach.* *(MVGAE)*

***5. Juni 1304**:*
*Graf Günther von Schwarzburg verleiht dem **Weissfrauenkloster** das Eigentum eines Hofes und **15 Acker vom Gemeindeholze zu Osthausen**, welche Friedrich von Osthausen demselben verkauft hat.* *(MVGAE)*

Entsprechende Zeichnungen bilden die Waldgebiete am Haarberg und im Steiger ab.

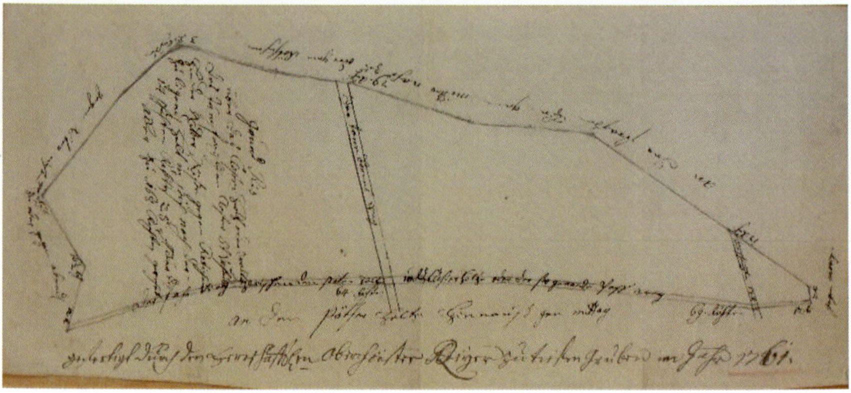

(BAE; I. 6. 35 Klosterwald)

Diese Karte von **1761**, gefertigt von dem herrschaftlichen Oberförster Reyer zu Tiefengruben (Sitz der Weimarischen Forstverwaltung), zeigt neben dem Grenzweg gegen Mittag (Süden), querende Wege. Neben geografischen Gegebenheiten spielen Wege eine große Rolle bei Grenzfestlegungen, dies bedeutet in jedem Fall, dass die Wege älter sind als die Waldvergabe.
Weitere Karten des Bischöflichen – Archivs - Erfurt mit Beschreibungen zeigen die Waldstücke des Ursulinen-Klosters.

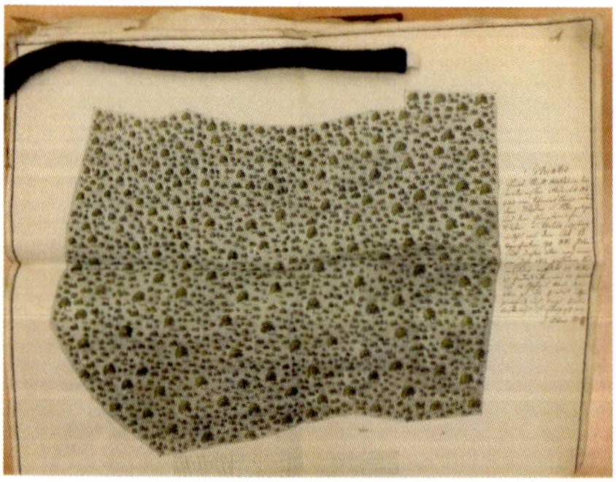

(BAE; Geistl. Gericht VI. i 291)

Situatio eines Stück Waldes in der niedernissaer Flur Sub No. 443 am Schweinsberge neben dem Kloster S. Petri gelegen und dem Jungfräulichen Kloster S. Ursulæ zugehörig welches mit dem Sub B. bezeichneten 90 Acker halten soll, dießer aber nach einer im Jahr 1812 geschenen Ausmessung enthält 25 Acker 23 Quadrat Ruthen und 74 Quadrat Fuß 14 Schuhiges Maas den Acker zu 168 Quadrat Ruthen gerechnet, und Rings Herum versteinigt ist
Erfurth d. 22. 7. 1818. J. Clebauer

Situatio Eines Stück Waldes in niedernißaer Flur Sub No. 443 am Langen Rain gelegen neben dem Kloster S. Petri dem Jungfräulichen Kloster S. Ursulæ zugehörig, welches mit dem Sub A. bezeichneten 90 Acker halten soll, dießes aber nach einer im Jahr 1812 geschehenen Ausmeßung 25 Acker 144 Quadrat Ruthen und 84 Quadrat Fuß enthält; Die Ausmeßung mit der 14 Schuhigen Ruthe gescheen, und der Acker zu 168 Quadrat Ruthen gerechnet worden.
Erfurth d. 22. 7. 1818. J. Clebauer

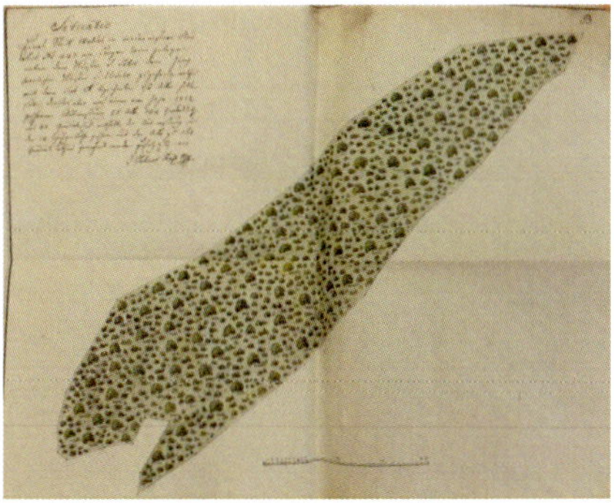

(BAE; Geistl. Gericht VI. i 291)

Situatio Eines Stück Waldes auf der Waag Weide im Steiger in den sogenannten Juncker Hölzern gelegen soll Sub No. 373 et 374. 6 Acker enthalten, und dem Jungfräulichen Kloster S. Ursulæ zu gehöret.
Erfurth d. 22. 7. 1818. J. Clebauer

(BAE; Geistl. Gericht VI. i 291)

Situatio Eines Stück Waldes auf der Waagweide im Steiger in den so genannten Juncker-Gehölzern gegen Bischleben zu gelegen. Soll Sub No 365. 9 ¼ Acker. Sub No 366. 3 Acker enthalten, und dem Jungfräulichen Kloster S. Ursulæ zugehörn. Welches aber nach dem, von Jacob Roland als Holz Förster im Jahre 1758, an gegebenen Maaßen der Länge und Breite kaum 7 Acker enthalten kann.
Erfurth d. 22. 7. 1818. J. Clebauer

(BAE; Geistl. Gericht VI. i 291)

Wie die zu den Zeichnungen gegebenen Beschreibungen aufzeigen, hat sich das Messwesen weiterentwickelt und die Angaben wurden dadurch präziser. Der Name *Waag-Weide* könnte eine abgewandelte Überlieferung des früheren Namens für den Steiger *Wawith* sein.

Auch über den Baumbestand und den Zustand der Waldfläche geben die Akten Auskunft.

Die Flurstücke 365, 366, 373 und 374 auf dem Steiger sind mit Eichen und Aspen bestanden. Auf dem Niedernissaer-Flurstück 443 stehen Buchen.

(BAE ; Geistl. Gericht VI. i 291)

In I. 6. 35 ist zu lesen, *dass am **17. April 1687** sich am Schweinsberg 2, 4, 5, 6 und 7 jährige Schläge befinden, die so zimblich dicht und wohlwächsig. Am Fuchsberg ist auch die häg gut befunten, ist aber nicht so wohlwächsig wie daß andere gehültze. Die schläg scheint 3. biß 6. jährig, darinn kein gemacht Holtz liegt;* *(BAE I. 6. 35)*

Der Lange Rain ist am Weg auf der Westseite mit Muschelkalk-Grenzsteinen vermarkt. Bezeichnet ist mit **K.P.** das Königreich Preußen, womit die Steine nach 1813 gesetzt sein müssen. Das **GS** konnte nicht entschlüsselt werden. Bei vielen Steinen ist das **G.S.** in **G.T.** umgewandelt.

1777 wird das Holz zu Nißa mit 2934 Talern, 17 Groschen und 9 Pfennigen bewertet und es konnten davon 146 Taler, 17 Groschen und 8 ¼ Pfennige eingenommen werden.

*Gravur **GS** wurde zu **GT** umgearbeitet*

Weiterer Waldbesitz der Weißfrauen

1303 November 29.
Graf Günther von Schwarzburg verleiht dem Weissfrauenkloster das Eigentum eines Hofes und 15 Acker vom Gemeindeholze zu Osthausen (bei Kranichfeld), welche Friedrich von Osthausen demselben verkauft hat. 1303 in virgil. S. Andreae. (MVGAE)

1307 Februar 2.
Ludwig, Herr in Blankenhain, verkauft teils und schenkt zum Teil, mit Consens seines Lehnsherrn, des Grafen Heinrich von Orlamünde, 2 Hufen Landes zu Hochdorf, nebst dem Patronate der Pfarrkirche S. Udalrici daselbst und mit den Filialen Neckeroda, Gabritz (Gaberwitz, Wüstung zwischen Hochdorf und Teichel), und Kraken-dorf frei von allen Diensten, Steuern und Rechten dem Weissfrauenkloster zu Erfurt. (MVGAE)

3. Hospitalhölzer von Erfurt

„Hospitale, auch Spitale ganannt, sind seit dem 4. Jahrhundert meist christlich geführte Pilgerherbergen und Armenhäuser." (*Wikipedia*)
Erfurt besaß mit 21 Hospital- und Armenhäuser sowie klostereigenen Krankenstationen (Infarmien) die zweithöchste Anzahl derartiger Einrichtungen in Deutschland.

Das **Große Hospital** wurde zwischen 1385 und 1396 angelegt, zu dem die heute existierenden Hospitalkirche „Zum Heiligen Geist“ und Herrenhaus (Museum für Volkskunde) gehören. Bezogen wurde es vom Martinhospital (erbaut 1217 auf dem spätern Fischmarkt, Umzug 1270 Richtung heutiger Schlösserbrücke), das nach Osten vor das Krämpfertor verlegt wurde. Es war bis nach 1882 als Hospital genutzt und fungierte unter Aufsicht des Rates von Erfurt auch als Wirtschaftsbetrieb.
Entsprechende Urkunden und Flurstücke über den Wald sollen hierüber einen Überblick geben.

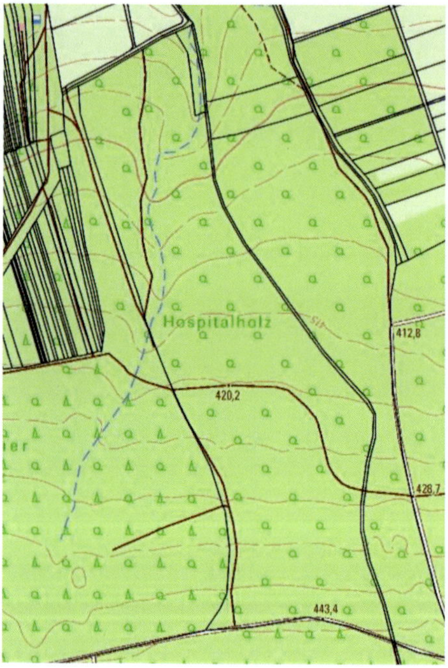

1367 Mai 28.
Heinrich von Eichelborn verkauft ***73 Acker Holz zu Eichelborn*** *dem* ***Hospital Sankt Martini in Erfurt****. - An dem nestin fritage nach der uffart unsers herren. Ausstellungsort unbekannt.*
(StAE; Archivalien-Signatur: 0-1/13- 50)

1367 Mai 28.
Günther, Graf zu Käfernburg, übereignet als Lehnsherr dem ***Hospital Sankt Martini*** *in Erfurt* ***73 Acker Holz zu Eichelborn****. - An dem nestin fritage nach der uffart unsers herren. Ausstellungsort unbekannt.*
(StAE; Archivalien-Signatur: 0-1/13- 51)

Hospitalholz bei Eichelborn;
(© GDI-Th, Top. Viewer)

1405 Juli 31.
Balthasar, Landgraf in Thüringen und Markgraf zu Meißen, genehmigt als Erbherr, dass Hug Bruns und Albrecht von Nordhausen, ***Bürger zu Erfurt****, dem* ***Spital vor dem Krämpfertor*** *daselbst, eine im Felde von Eichelborn gelegene* ***Holzmark von 62 Acker*** *verkauft haben, von der er jährlich einen Erbzins auf Michaelis von 1 Schilling bezieht. Die Holzmark ist gelegen hinter dem Holz der Herren von Utzberg, einerseits neben dem Holz der Kinder vom See, andererseits neben dem Holz des Petersklosters. Als Vormünder des Spitals werden Heinrich und Hermann Bruns, Bürger zu Erfurt, genannt.*
(StAE; Archivalien-Signatur: 0-1/13- 75)

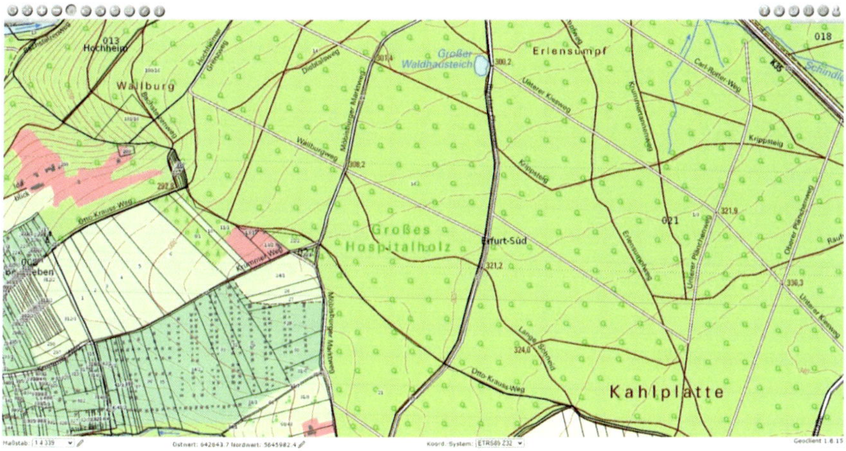

Hospitalholz bei Möbisburg (© GDI-Th; Top. Viewer)

1450 März 26.

Otto Zcegeler bittet das Kloster Oberweimar, ***die Holzmark in Troistedt dem Großen Hospital*** *in Erfurt zu übertragen, dessen Vormünder seiner Zeit sein Bruder Syfart Zcegeler und Heinrich Wisze sind. - Quinta post Iudica. Weimar, Kloster Oberweimar.*
(StAE 0-1/ 8-49)

1452 Februar 28.

Der Gebrüder Erhard, Heinrich und Hermann Wiedenberg Kaufbrief für das ***neue große Hospital*** *vor dem Krampferthore über* ***4 Acker Holz auf der Hart bei Tonndorf****. 1458 am Heiligen Pfingstabende* *(MVGAE)*

Das Nonnenkloster zu Berka Erblehnbrief für das große ***neue Hospital*** *vor dem Krampfenthore zu Erfurt über* ***28 Acker Holz auf der Hart bei Tonndorf****.* *(MVGAE)*

1455 März 20.

Das Nonnenkloster zu Oberweimar Lehnbrief für das ***Neue Hospital*** *vor dem Krampfenthore über die* ***Holzmark zu Drastedt****, welches Otto Ziegler demselben geschenkt hat. 1455 Donnerstag nach Laetare* *(MVGAE)*

1457 Januar 8.

Heinrich Müller, gesessen zu Werningsleben, und seine Frau Thele haben seiner Zeit dem Hans von Cölleda ihre ***in Werningsleben gelegene Holzmark*** *verkauft und ihm davon jährlich auf Michaelis einen Zins von 1 Schock Groschen entrichtet. Die Witwe des gen. Hans von Cölleda hat ihnen nun den Zins um den fünften Pfennig ermäßigt und das Schock zu 48 alter guter Landmünze gerechnet. Sie verpflichten sich nunmehr, der gen.*

Witwe diesen Zins von 48 Gr. für deren Lebzeiten in zwei Jahresraten zu zahlen, nach deren Tode jedoch den Vormündern und Vorstehern des ***Großen Hospitals zu Erfurt****. - Ipso die sancti Erhardi. Ausstellungsort unbekannt.* *(StAE 0-1/13-99)*

1458 Mai 20.

Erhard, Heinrich und Hermann Windenberg, Gebrüder, verkaufen dem ***neuen Großen Hospital vor dem Krämpfertor 4 Acker Holz auf der Hardt bei Tonndorf****, die früher zum Holz der Utzberg, dann zu dem der Bock gehört haben, und quittieren über die ungenannte Kaufsumme. - Uff den Phingest obint. Ausstellungsort unbekannt.*
(StAE 0-1/13-102)

1481 Dezember 20.

Erhart von der Sachsen, Bürger zu Erfurt, und seine Frau Else verkaufen dem ***Großen Hospital*** *daselbst und dessen Vormündern Heinrich von der Sachsen und Dietrich Brampach für 400 rh. fl. eine halb am 24. Juni, halb zu Weihnachten zahlbare wiederkäufliche* ***Rente von 20 fl. aus 90 Acker Holz auf Woweyt (Steiger)****, die frei eigen sind und zu Lehen gehen von dem Grafen Siegmund von Gleichen, der auch seine Zustimmung zu diesem Verkauf gegeben hat. - Uff sante Thomas obint. Erfurt*
(StAE 0-1/13-212

1481 Dezember 22.

Siegmund, Graf von Gleichen, genehmigt, dass ***Erhart von der Sachsen, Bürger zu Erfurt,*** *aus den von ihm zu Lehen gehenden* ***90 Acker Holz auf der Wagete (Steiger)*** *zu Erfurt an das* ***Große Hospital*** *daselbst eine wiederkäufliche Rente von 20 rh. fl. verkauft hat. - Sonnabent nach sant Thomas tagk. Ausstellungsort unbekannt.* *(StAE 0-1/13-22)*

1487 Januar 2.

Erhard von der Sachsen d. Ä. bei den Predigern bittet den Grafen Siegmund von Gleichen, das ***Große Hospital zu Erfurt mit den 90 Ackern Holz auf der Waget*** *zu Erfurt zu belehnen, da er sie dem Hospital verkaufen will. - Am dinstage noch dem nuwen iare. Erfurt.* *(StAE 0-1/13-138a)*

1487 Januar 20.

Erhard von der Sachsen d. Ä., Bürger zu Erfurt*, seine Frau Else und beider Sohn Hans verkaufen dem* ***Großen Hospital*** *daselbst für 600 rhein. fl. die* ***90 Acker Holz auf der Waweyt*** *in Erfurt, die vom Grafen Siegmund von Gleichen zu Lehen gehen. - Sonnabent nach Anthony. Erfurt.* *(StAE 0-1/13-138)*

1501 Juli 14.

Tytzel Egkart, Richter, Claus Weber, Heinrich Hoefelt, Claus Gernhart, Claus Habicht, Gunther Hoyger, Hermann Gotzmann, Claus Walter, Hans Golde, Claus Stickel,

Heinrich Gunther, Contze Otto, Titzel Bremsz, Schöffen des Gerichts im Tal Tonndorf überweisen dem als Vertreter des Großen Hospitals zu Erfurt und von dessen Vormündern Tile Ziegler und Heinrich Kellner anwesenden Spitalmeister Lutolf Schencke in dritter Instanz gegen den Beklagten ***Dietrich vom Hof zu Klettbach****, das bei Klettbach im Gericht des Junkers und Hauptmanns Hans Koller gelegene,* ***aus Gehölz und Wiesen bestehende Krawental****, das der gen. Dietrich Vom Hof vom Rat zu Erfurt innehat und von den Brüdern Hans, Claus und Tile Borckhardt von Schellroda und deren Schwester Margarete erkauft, die sich jedoch mit 30 Lauenschock für ihr Leben in das* ***Große Hospital*** *eingekauft hat, einer Summe, die der gen. Vom Hof auch zu bezahlen versprochen hatte. Das Hospital darf, um zu seinen Geldern zu kommen, das gen.* ***Krawental*** *ohne Einspruch verkaufen und sich daran bezahlt machen. - Mitwochenn nach Margaretha virginis. Ausstellungsort unbekannt.* *(StAE 0-1/13-157)*

1508 April 11

Heinrich Plauen (Reusse) der Mittlere, Herr zu Kranichfeld, verkauft dem ***Großen Hospital*** *zu Erfurt, dessen Vormündern Thile Ziegler und Heinrich Kelner und dessen Spitalmeister Volkmar Rudellstadt für 10 fl.* ***1 1/2 Acker Holz****, gelegen* ***auf der Hardt*** *zwischen den Predigern und dem Spitalholz. - Dinstags nach Iudica. Ausstellungsort unbekannt.* *(StAE 0-1/13-159)*

1589 Juli 3.

Adam Schmellers und Zacharias Kletteberchs zu Tonndorf Kaufbrief über ein ***Stück Holzes für das Große Hospital zu Erfurt****. 1589 Donnerstag nach visitat. Mariae (3. Juli). (M. A.)* *(MVGEA)*

18. Jahrhundert

Das ***Große Hospital Erfurt*** *besass im 18. Jahrhundert in* ***Rödichen 8 Acker Laubholz und 387 Acker, das Büsslebener Holz.*** *(ibid. II. 410. 411)* *(MVGEA)*

Die genannten Flächen entsprechen etwa 10,436 Hektar heutiger Einheit.
Im Bereich der Gaststätte Waldhaus/Fuchsfarm ist die Waldkante durch Grenzsteine mit Abständen von 20 – 30 Meter sehr gut belegt und gesichert. Etwas östlich, innerhalb des Waldes, verläuft die Grenze zwischen Erfurt/Königreich Preußen und Sachsen Gotha. Hier wurde mit **GH** auch der Wald des Großen Hospitals angezeigt, der als Flurbezeichnung auf Landkarten Eingang gefunden hat.

Waldgrenze bei der Kleingartenanlage „Am Junkerholz“, Aufschrift links: H 17

*kurmainzischer Grenzstein Nr. 132 Erfurt/**G**roßes **H**ospital von 1703*

Grenzzeichen für Rhoda und Sachsen Gotha

Das Elenden Hospital am Brühl

1511 Juni 7.
Hartung Molsleub verkauft dem Spital, der ***Elenden Spital*** *genannt, vor Erfurt im S. Martindbrühl sein* ***Holz in der Büselebener Gemeinde*** *um 24 fl. Rheinisch. 1511 am heiligen Pfingstabende.* *(MVGAE)*

1511 Juni 26.
Claus Thaldurff, Landvogt und Richter, Nikolas Wayner, Landschreiber, und Hans Romeberg, geschworener Gerichtsfron der Erfurter Vogtei Büßleben, bekunden im Gericht die Auflassung des 1511 Juni 7. von Hartung Molsleub dem ***Hospital im Brühl*** *zu Erfurt verkauften* ***Mosse-Holzes in der Büßleber Gemeine****. - Dornstags den achten tagk des heyligen warrn leichenams. Büßleben.* *(StAE 0-1/16-50)*

Das Kleine Hospital

1481 August 1.
Heinrich Dangstorff, Bürger zu Erfurt, verkauft dem Volgmar Osterfeld als Spitalmeister des ***Kleinen Spitals bzw. Duderstädtischen Hospitals vor dem Krämpfertor*** *zu Erfurt einen* ***Erbzins von 1 Pfd. d. aus 15 Acker Holzes in dem Meckfelder Tal*** *neben den Erben Nickels zu der Krone und bei dem Holz derer von Klettbach, die früher dem Wilhelm von Allenblumen gehört haben, jetzt aber dem Spitalmeister. - Mittewochin ad vinculam Petri. Ausstellungsort unbekannt.* *(StAE 0-1/14-28)*

Die vorstehenden Überlieferungen zeigen eine vermehrte Güter- und Geldleistung an die Hospitäler durch **Bürger von Erfurt**. Auch die Hospitäler wurden nach dem großen Stadtbrand 1481 mit Geld und Gütern unterstützt.
Bemerkenswert ist auch, dass der **Steigerwald** bis zum 16. Jahrhundert den Namen *Waget, Wagete, Wowegt, Wagd* besaß. Genannt wird beim Neuwerkkloster 1265 die *Wagweide*. Der Name Wagd ist mit **Bechstedt-Wagd** (nachweislich seit dem 7. Jhr. besiedelt) und dem dort entspringenden Bach ***Wagd*** bis heute verbunden. Der Bach ***Wagd*** fließt über Rockhausen nach Eischleben und mündet danach in die Wipfra.

Diese Namensvergabe *Wagd* für den Steiger von südwesten aus wirft den Blick auf das frühe Siedlungsgebiet, was mit der Nennung 706 der Merwigsburg, Tonndorf, Hochdorf und Neckeroda (S. 18 u. 19) weitläufig in Erscheinung tritt.

Hingewiesen sei hier auch auf die im Nordwesten des Steigers befindliche und an das Große Hospitalholz grenzende **Wallburg**. Den breiten Bergsporn zur Gera hin grenzte eine noch deutlich sichtbare Graben – Wall Sicherung ab, die an der Südwestseite einen natürlichen Wasserriss (Erosionsrinne) nutzt. Die Fläche hat eine Ausdehnung von ca. 260 x 420 Meter.
Derartige Bergsicherungen sind als Höhenburgen der Kelten in der Rhön von den Gleichbergen bekannt. Es finden sich aber weitere Anlagen im Thüringer Wald, noch unbekannten Erbauern, auf dem Torstein am Kleinen Wagenberg bei Bad Tabarz, der ***Tannburg*** bei Schönau vor dem Walde, auf der Schloßleite östlich der Mühlburg und bei der Wachsenburg. Zu Erwähnen sei noch die bei Gebesee befindliche ***Tretenburg***. Diese hatte noch im Mittelalter als Versammlungsplatz (Thing oder Ding) Bedeutung, auch als der oberste Thüringer Gerichtsplatz nach Mittelhausen (Erfurt) verlegt war.

4. Waldflächen der Stadt Erfurt bei Georgenthal

Das Erfurter Wappen mit Wilder Frau und Wilden Mann (Stadtmuseum „Haus zum Stockfisch")

Wappen von Schwarzburg - Rudolstadt (Wikipedia)

Im Vergleich zum Wappen der Stadt Erfurt von 1600 das Wappen der Grafen von Schwarzburg-Rudolstadt (seit 1710 Reichsfürsten), ebenfalls mit Wilder Frau und Mann. Hat das etwas mit dem großem Einfluß und Besitz (siehe Exkurs S. 91 ff.) bis in den Erfurter Raum der Grafen Käfernburg/ Schwarzburg oder der Rodungstätigkeit von Wald zu tun?
Für das abgebildete Bleiglasfenster mit dem Erfurter Wappen ist zu sagen, dass der Wilde Mann, die Wilde Frau eine Ausschmückung der Mode um 1600 ist. Im Schwarzburger Wappen gehören die Figuren fest zum Wappen und lassen einen Rückschluß auf frühe Rodung zu.

In Erfurt allgemein bekannt sind Waldbesitzungen der Stadt Erfurt vor einigen Jahrhunderten. Hierzu gibt es Folgendes aufzuzählen:

4. 1. Wald bei Friedrichroda (Finsterbergen)

Mit gleichem Datum vom **2. November 1472** kauften Ratsmitglieder der Stadt Erfurt vom **Kloster Reinhardsbrunn** und **Kloster Georgenthal** Wald. Der Grund war ein großer Brand in der Stadt, dem fast die Hälfte der Häuser zum Opfer fielen.
Im Januar 1472 erschien ein Komet*, der als Vorbote für Krieg, Feuer und Unglück angesehen wurde. Am 19. Juni um 1 Uhr nachmittags gab es ein Feuer an der

Krämerbrücke. Ein zweites brach in der Rabenmühle an der Langebrücke am Plänchen, ein drittes vor den Graden und ein viertes in der Pergamentergasse aus. Mit Hilfe Herzog Wilhelms wurden drei Tage danach 3 Mordbrenner, 2 in Eisenach, einer in Gotha, gefasst. Der vagabundierende Mönch Dietrich Becker aus dem Kloster Pforta, ein Laienbruder aus Rodechen (?) und ein Schneider wurden ungewöhnlicherweise an Erfurt ausgeliefert. Ein vierter Brandstifter, Paul Friese, fasste man in Brandenburg a. d. Havel, 3 Andere scheinen später in Naumburg ergriffen worden zu sein, als sie die Stadt anzünden wollten. *„Die Strafe der Mordbrenner konnte nicht zweifelhaft sein; sie verfielen nach altem Rechte dam Tod durch das Feuer. Da aber das weltliche Gericht über den Mönch keine Gewalt hatte, so mußte er aus dem geistlichen Stand ausgestoßen werden, bevor an ihm die Strafe vollstreckt werden konnte. Den Akt der Entweihung gestaltete der Rat zu einer Art Festlichkeit. Auf dem Fischmarkt ließ er ein Gerüst aufschlagen, wo Dietrich Becker niederknieen mußte. Dann traten herzu die Bischöfe von Würzburg, Hildesheim, Naumburg, Merseburg und einige Weihbischöfe, die der Rat alle auf seine Kosten kommen lassen, und einer schabte mit einer Scherbe dem Verbrecher den Finger ab, womit er das Sakrament gehalten hatte. Darauf zogen ihm andere Geistliche die Kutte aus und legten ihm einen grauen Kittel an, als Zeichen, daß er nunmehr in den Laienstand zurückgesetzt sei. Jetzt erst griff der Scharfrichter zu, band den Entweihten und führte ihn ins Gefängnis zurück. Dem Schauspiel wohnte Herzog Wilhelm mit seinem Hofe, viele Grafen und Herren bei, während die Bürger und der Zuzug von Fremden, Kopf an Kopf gedrängt, den Platz und die angrenzenden Gassen füllten. Am nächsten Tage wurde die ganze Bande, sechs sollen es im Ganzen gewesen sein, vor das weltliche Gericht bei den Domstufen gebracht und verurteilt. Sie erhielten alle dieselbe Strafe, Zwicken mit glühenden Zangen, Radebrechen und dann verbrennen. Der Scharfrichter, den man sich in Eisenach geborgt hatte, scheint den Mönch ganz besonders scharf vorgenommen zu haben; einundzwanzigmal setzte er die Zange an und biß so tiefe Wunden, daß die Eingeweide bloß lagen. Vom Henkerhaus vor den Graden wurden die Deliquenten durch die Straßen an den Beinen nach dem Rabenstein geschleift, wo sie, nachdem ihnen noch die Glieder mit einem eisernem Rade zerschlagen worden waren, auf dem Scheiterhaufen endeten." „Der Prozeß verschlang 1400 Gulden, das sind mindestens 10`000 Mark Reichswährung." „Das Feuer hatte gerade die am dichtesten bewohnten Stadtteile ergriffen,…" „Der Rat erkannte, daß die elende Bauart die größte Schuld an der schnellen Verbreitung des Feuers gehabt hatte, und er begünstigte deshalb nach Kräften den Steinbau und die Bedachung mit Ziegeln. Unvermögenden Bürgern stellte er dieses Material ganz oder zur Hälfte unentgeltlich aus der städtischen Ziegelhütte zur Verfügung, obschon dadurch die Stadtkasse merklich belastet wurde. Er (Steinbau) fand aber nicht das gewünschte rege Entgegenkommen, viele Bürger wollten von der Neuerung nichts wissen, hielten an der alten Gewohnheit fest und fuhren trotz der schlechten Erfahrung fort, Schindeln und Stroh bei der Ausbesserung zu verwenden. Die*

letzten mit dem gefährlichen Material gedeckten Häuser sind im 19. Jahrhundert verschwunden."
Bei dem Brand sank ein Drittel der Stadt in Asche, es sollen mehr als 2000 Häuser vernichtet worden sein. *(Geschichte der Stadt Erfurt von der ältesten bis auf die neueste Zeit)*

* Für den Schneeberg in Sachsen, wo der Schweif hinzeigte, wurde ein Schatz von den Astronomen vorausgesagt, der sich dann bis 1550 als ergiebiger Bergbau zeigte.

(LATh-StAG AA I. 6)

Den in den Kaufbriefen getroffenen Vereinbarungen müssen Verhandlungen und wohl auch Besichtigungen der Waldflächen vorangegangen sein, so wie es in dem Kaufbrief vom 19. Mai 1481 beschrieben ist (4.3.).

Wir Nicolaus von gots gnaden abbt und orzt vorsteher der kelnerye Conradus prior Johannes Sangmeister Johannes Custos Sebastianüs Submeister und die gantze Sammenuge des ***Closters zu Reynhersborn*** *Bekennen und thun kunth offentlich mit diesem brieffe fur uns und alle unsere nachkommen das wir umb unsers und des Closters nutzes und frommen willen den Ersamen und wesen Rathismeisteren Rath und Rethen der Stad Erffurt unsern gunstigen hern und guten frunden mit Rathe uff beydersyt recht und redelich ukaufft haben und verkauffen incrafft dieses brieffs* ***eyn stugke waldes das sich anhebeth an der Stutzerswesen und ziehet sich nach der waltstraße nach der Saltzwesen*** *und sich furter ortet, nach der Stutzerswesen mit eynem* ***waltwaßer lauffe*** *als das selbe stugk waldes vertzenhent ist...*

Kloster Reinhardsbrunn in einer Bleistiftzeichnung.
(LATh-StAG; Staatsministerium Abt. Gotha Dep. IV - Sekretarienschrank Loc. 7 Nr. 8 Bl. 80)

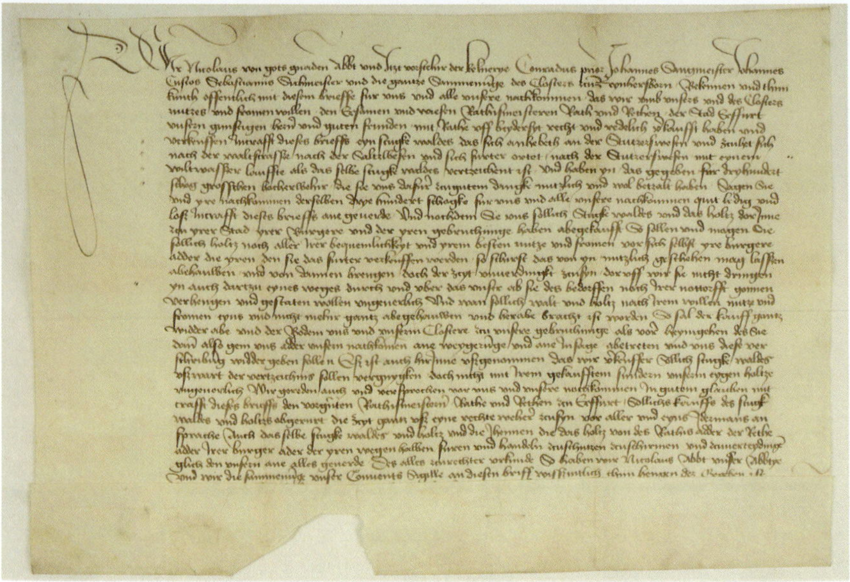

Kaufbrief vom 19. Mai 1481 (StAE; Sign. 0-0/A 32-2)

Beschrieben bei der Lage wird die Örtlichkeit ***Stutzerswesen***, die ***waltstraße nach der Saltzwesen*** und ein ***Waldwasserlauf***. Auf der Suche nach einer Salzwiese wurden die gesammelten Flurnamen der Luise Gerbing für den Bereich Friedrichroda durchgesehen. Hier ergaben sich keine Hinweise. Im Bereich Finsterbergen gibt es dagegen „Die Salzwiese", „Salzwesen" und für „*17. Jh. Die Sulz*". L. Gerbing erklärt „Sulz" mit durchfeuchteter, weicher Stelle (Sülzwurst). Im Rotliegenden, auf dem sich Finsterbergen befindet, gibt es keine Salzablagerungen, im Gegensatz zu dem Zechsteinband bei Catterfeld, wo salziges Wasser entspringt. In der genannten Salzwiese entspringt der Rösenbach, der seinen Namen von der Flachsröste in einem Teich hat. Die Waldstraße führt zur Wachtwiese, bei der es sich vermutlich um die ***Stutzerswesen*** handelt, und geht weiter über den Spießberg, einerseits nach Westen zum Heuberg, andererseits nach Süden zum Possenröder Kreuz, dann als „Hohe Straße". Die Hohe Straße folgt dem Lauf der Silke auf der Nordseite im Haderholzgrund nach Seligenthal und weiter zur Werra.

Bei dem ***waltwaßer*** handelt es sich um den Bach „Großer Frosch", der die Wachtwiese durchströmt und der Leina zufließt. Weitere Recherchen mit Flurkarten erbrachten ein Waldstück, die **Schlagwiese** genannt.

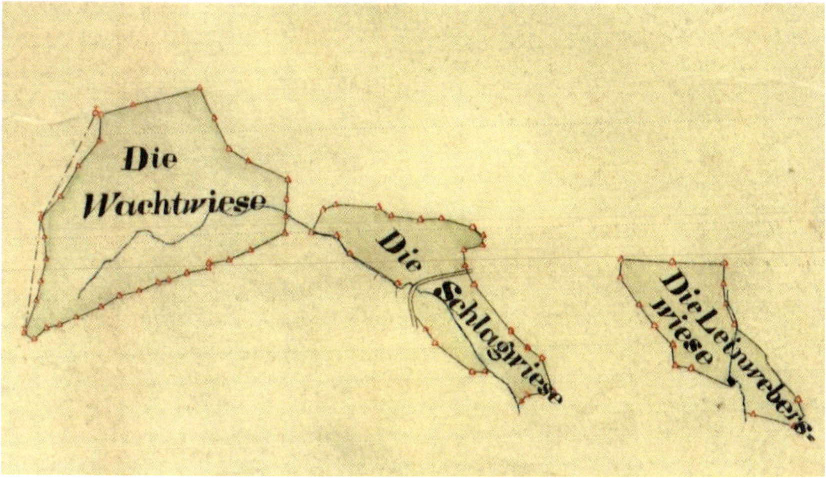

Schlagwiese um 1860 auf Generalkarte über den Ort und die Flur Finsterbergen
(© TLBG Urkarte_kb53_E_21-2415-999-0-0-0)

Dieses Waldstück liegt in einiger Entfernung zur nördlich verlaufenden Spießbergstraße. Beim Durchstreifen der Zwischenfläche fallen einige, wenige Dezimeter eingetiefte Altwege auf.

In einer anderen Darstellung bei Geoproxy mit DGM 2-Schummerung werden Details sichtbar. Die Altwege sind an der Nordflanke der Schlagwiese gut sichtbar und der südlichte ist als Grenzziehung genutzt.

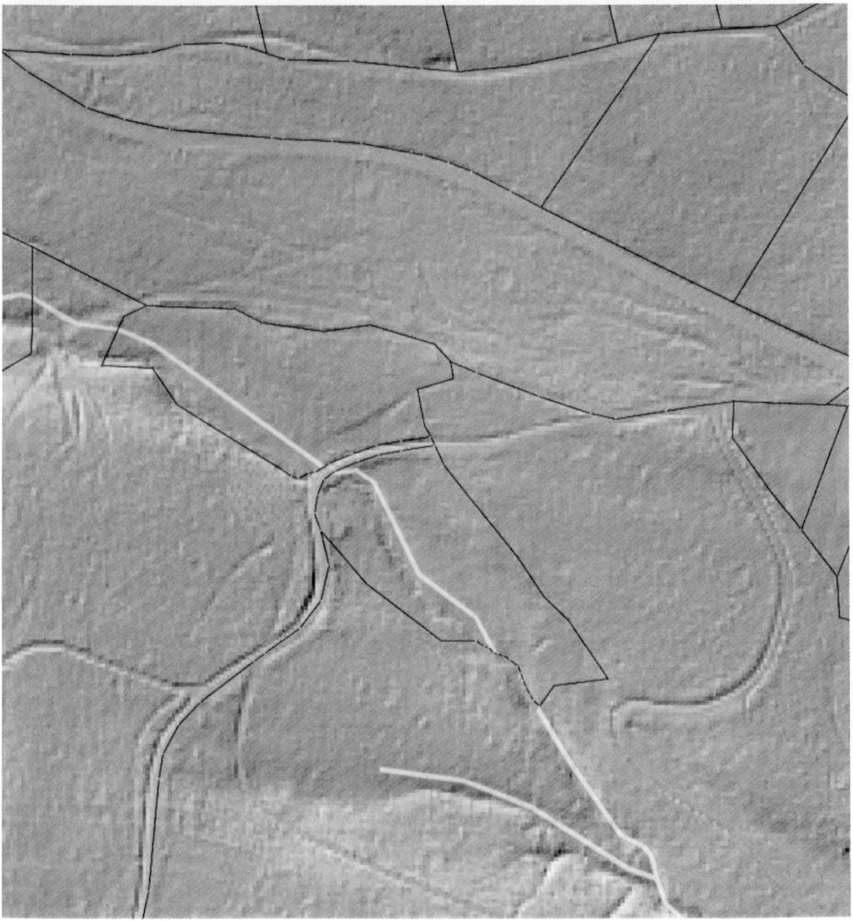

Schlagwiese, vom „Großen Frosch" durchflossen sowie Alt- und Neuwege (© GDI-Th, DGM 2)

Bevor oben geannte Informationen bekannt waren, fand ich einen einzelnen Grenzstein mit den Initialen **ER** auf einer Seite. Sonst gibt es keine weiteren Gravuren. Dieses **ER** erwies sich längere Zeit als Rätsel. Erst der Kaufbrief mit der Nennung des **E**rfurter **R**ates brachte den Lösungsansatz.

An der Grundstücksgrenze fanden sich einige kleinere, für eine Wiese typische Steine (N4). Diese bezeugen den Namen „Schlagwiese“ zu recht. Es handelt sich somit um eine, einst von Bäumen abgetriebene (gefällte), Waldfläche, die einige Zeit als Wiese genutzt und dann vom Wald wieder bewachsen wurde.

Weiter berichtet der Verkaufsbrief von der Kaufsumme, 300 Schock Groschen, die ***quit lidig***, also bezahlt sind.

Das Stück *Waldes und das Holz darinne zu yrer Stad yrer Bürger nach all ihrer Bequemlichkeit und irem besten Nutze ... lassen abhauen...* Außerdem wird erlaubt einen Weg zur Abfuhr anzulegen. Nach dem Abhauen des Holzes soll *der Boden uns und unserm Closter zu unser gebrauchunge... abetreten und uns diese Verschreibung widder geben sollen.* Es handelt sich also nur um den **Kauf des Holzes** auf dem Grund und Boden des Klosters Reinhardsbrunn.

Über das Ende der Nutzung durch Erfurt ist nichts bekannt. Im Zuge der Bauernaufstände zur Reformationszeit wurde auch das Kloster Reinhardsbrunn geplündert und verwüstet. Es konnten aber Aktenbestände ins Schloss nach Weimar gebracht werden. Der Klosterbesitz wurde durch den Landesfürsten in seinen Besitz genommen. Die Wälder blieben bis zur Bodenreform 1946 eine Einheit. Dies war durch die Gründung einer Stiftung und die Überführung der Wälder des Herzogtums Sachsen-Coburg und Gotha möglich. Die Wälder wurden deshalb 1918 bei Abdankung des Herzogs Carl-Eduard nicht enteignet. Aus der Zeit der **Bodenreform 1946** sind im Grundbuchamt Gotha aus Finsterbergen Dokumente hinterlegt. Das *Protokoll über die Beschlußfassung der Gemeindekommission zur Durchführung der Bodenreform Finsterbergen vom 15. November 1945* auf Grundlage des **Gesetzes über die Bodenreform vom 10. September 1945** gibt die Gesamtfläche der enteigneten Grundstücke des Herzog von Coburg-Gotha mit **142 ha 23 ar 84 qm** an. Die Aufstellung der Grundstücke ist in drei Anlagen angehangen. Unter 12 Wiesen im Finsterberger Forst ist die Schlagwiese mit 24,65 Hektar angegeben. Auch in einem Rechtsträgernachweis vom Oktober 1953 wird die Schlagwiese mit der Gras-Nutzung genannt.

Mit der Wende 1989 und dem „Einigungsvertrag“ vom 31. August 1990 zwischen der Bundesrepublik Deutschland und der Deutschen Demokratischen Republik über die Auflösung der DDR, ihrem Beitritt zur Bundesrepublik Deutschland, kamen auch für die Wälder umwälzende Zeiten und Ereignisse. Das Volkseigentum und der Anspruch „Die Jagd gehört dem Volke“ fand große Einschnitte oder wurde völlig abgeschafft.

Heute befindet sich die Schlagwiese wieder im Besitz von Sachsen-Coburg und Gotha. „*Nach einem langjährigen Restitutionsstreit verzichteten 2001 in einer investiven gütlichen Einigung zwischen dem Land Thüringen und dem Haus Sachsen-Coburg-Gotha bzw. seinen Stiftungen diese auf ihre Restitutionsansprüche in Thüringen und wurden dafür mit umfangreichem Forstbesitz* aus Landeseigentum entschädigt.*“

(Wikipedia) *fast 9000 Hektar

Reinhardsbrunn war davon ausgeschlossen, da es einem anderem Investor gehörte.

4. 2. Wald bei Tambach (-Dietharz)

Über diesen Wald verrät der Kaufbrief vom 2. November 1472 einiges mehr.

Wir Nicolaus von gotßgnaden Abt Siriatus prior Johannes Bursarius Fredericus kelner Unde dy gantze Sammunge des ***Closters zusanct Jurgenthall*** *gramris ordens mentzer Bisthtums Bekennen und thun kunt öffentlich mid dißem unsern Brieffe, vor uns und alle unser nachkommen, das wir den Erßammen und wießen Ratßmeistern Rate und Reten der Stat Erffurd unßin günstign ehren und gudn freudn und gutem vorgehaptem Rate und guden willen uff bedersiet recht unde redelichen ukeuff habn und ukauffen in crafft dißer Briffes* ***Sechßundfünfftzig acker holtzes*** *gnant, an dem* ***grubenwege zwischen dem***

***wasser der Apphilstete** und den lehen, mid dem **angewende unden an dem loubenwege** und obin an **dem stige der do geet uff den Bilstein** als das besehen, und uzeichent, auch mid der waligerten dy achtzehn schu lang gewest ye der acker zwei und viertzig gerten lang und vierer breit gemessen und gewehert ist, und haben an dy gegebin wor **zweihundt und vier und zwantzig schogk groschen** umres geldes dy sie uns da vor gutlich und nützlich zue gantzen guden dancke betzalt haben. Sagen sie und Ire nachkomen sullichen Summen zweihundirt und vierundzwantzig schogk vor uns und unßere nachkommen quied ledig un loeß in und mid crafft dißes Briffes ane generde unde nach dem sie uns sulch holtzes zu Irer Stat Irer Bürgere und der Iren gebruchunge haben abegekaufft, so sullen und mögen sie das nach aller Irer Bequemligkeit und Irem Besten nutze und fromen vor sich selbst Ire Burgere oder dy Iren den sie das forter ükauffe worden. In **drißig Jaren** doch eynd und **nichtmehir laßen hauwen unde her abebrengen** doch das ys kein offen Ihrn sein sulle an, dero darin zugebruchunge vor sichselbst Ire Burgere und dy Iren dartzu wir an eines weges durch unde über das unnsere ab sie der Bedörffen nach Irer notdurfft günnen uhengen und gestaten wulln ungentlich und wann sulches holtz nach Irem willen nutze und fromen In obberwenter zeit eind gantz und nichtmehr abegehauwen und von dannen bracht ist, zo ßol dißer Brieff abe und der Bodem uns und unßin Clostere zue unßer gebruchunge alßnod undderheym gevallen sein der sie dann auch alzo gem uns oder unßer nachkommen ane wegerunge und ane Insage abetreten, und uns diße unnßer uschribunge widder gebn sulln ane gende. Wir geredn auch und versprechen vor uns und unßer nachkommen in gutem glauben und crafft dißes Briffs den ugütn Radßmeistrn Rate und Rethen zue Erffurd sulcho kauffs und holtzes dy zeit auß eyne rechte wehrd zusein vor aller und ydmans anspruche durch sulche wal eckeholtzes und dy Ihenen dy das holtz von des Radß oder der Rethe Irer Bürgere, oder der Iren wegen, hauwen, furen, oder handeln zuschützn zue schwemen und zu uteidingen glich den unßn nach unsen vmögen ungeidlich. Des allis zu rechter Urkunde zo haben Wir obgnanden, Abt und Samnunge unßer Beider Sigill wissentlichn undin an dißen Brieff thun hengen Der geben ist nach Cristi unßerlieben hren geburt Thußent vierhundt darnach In dem zwei undesibentzigten jahre am montage in der Gemeynwochenn.*

(StAE;0-0/A 32-1)

Die Inhalte im Überblick und Erläuterungen

Aussteller, Vertragspartner:
Kloster Jurgenthall (Georgenthal) mit **Abt Nicolaus**, **Prior Siriatus, Kellner Johannes Bursarius Fredericus,**

Käufer:
Stadt Erfurt mit Ratsmeistern, Rat und Räten

Gegenstand:

56 Acker Holz, gemessen mit der 18-schuigen Rute, der Acker 42 Gerten (Ruten) lang und vier breit (168 Quadratruten).

Es gibt eine Vielzahl verschiedene Ruten von 30 bis 10 Schu Länge. Eine Rute mit 18 Schu wird bei *Wikipedia* als französiche Königsrute mit 5,40 m genannt und ist eine Ausnahme in Thüringen, wo hauptsächlich mit 14 und 16 Ruten gemessen wurde.

Ein Gothaer Waldacker zu 160 Quadratruten hat eine Fläche von 10`000 m^2. Im Gothaer Raum, wie in allen Sächsischen Ländern galten die Leipziger Maße. Die Waldrute mit 4,6019 m, das Fuß-(Schu-) Holzmaß mit 0,282655, wobei bei der Division der Waldrute durch 16 Fuß eine Abweichung mit 0,28762 m auftritt. Eine genaue Umrechnung der gekauften 56 Acker kann somit nicht gemacht werden.

Kaufpreis:

224 Schock Groschen unsern Geldes

224 x 60 (Schock) = 13`440 Groschen der in Georgenthal gängigen Währung. Erfurter Währung war demnach nicht akzeptiert.

Ort des Waldes:

Am Grubenwege zwischen dem Wasser der Apphilstete (Apfelstädt) **und dem Lehen, mit dem Angewende unten an dem Loubenwege** (Laubweg) **und obin an dem Stige der do geet uff den Bilstein.**

Mit diesen Angaben ist eine konkrete Lokalisation möglich. Der wichtigste Punkt ist der **Bilstein** (Bielstein), ein markanter Felsen im Apfelstädter-Grund. Über diesen geht eine **Stige**, ein Weg. Oberhalb verläuft heute die Landstraße 1028 zwischen Tambach-Dietharz und dem Rennsteig nach Floh-Seligenthal und Schmalkalden. Der **Grubenweg unten an dem Wasser der Apphilstete** ist der westlich der Einmündung der Apfelstedt in die alte Tambacher Talsperre liegende Taleinschnitt, in dem Altwege als Hohlen in einer Kurve (**Angewende**) nach süden schwenken. Und der **Loubenwege** macht die Aussage auf Laubbäume und von dort führt die Steinbacher-Straße über den Mittelrain nach Steinbach-Hallenberg.

Ziel und Laufzeit:

…sulch holtzes zu Irer Stat (Stadt), **Irer Bürger und der Iren gebrauchung haben… In dreißig Jaren doch eynd und nichtmehir laßen hauwen unde her abbebrengen** (wegbringen)**… der Boden uns und unßin Clostere zue unßer gebruchunge … gem uns oder unßer nachkommen ane** (ohne) **wegerunge… abtreten… diße unsßer uschreibung widder gebn sulln.**

Das Holz **30 Jahre** für ihre Bürger und Stadt zu gebrauch hauen und abbringen (abfahren) lassen und danach, wenn nicht mehr lassen hauen und wegbringen, der Boden dem

Kloster oder deren Nachkommen ohne Weigerung abtreten und die Ausschreibung wieder geben sollen.

Bestätigung:

Des allis zu rechter Urkunde zo haben Wir obgnanden, Abt und Samnunge unßer Beider Sigill wissentlichn undin an dißen Brieff thun hengen.

Die Bestätigung des Kaufbriefes wird mit Nennung des Abts und der Samnung (Klostermitglieder, „Versammlung"), sowie der **beiden Siegel** getätigt. Eine Nennung oder Unterschriften der Vertreter der Stadt Erfurt erfolgt nicht.

In der Flurkarte von Tambach-Dietharz ist die Fläche offensichtlich als Flurstück 3373 bis heute vorhanden. Die im Kaufbrief beschriebenen Grenzen sind in folgenden Karten ersichtlich. Gut zu erkennen auch die Altwege.

Flur 031, Flurstück 3373 in Karte von Geoproxy Thüringen *(© GDI-Th, ALKIS)*

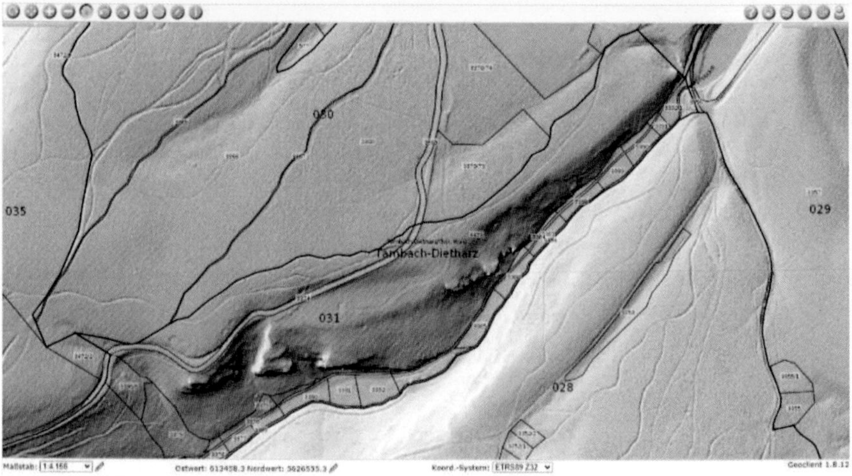

Der gleiche Kartenausschnitt in DGM 2-Schummerung bei Geoproxy-Thüringen, gut zu erkennen die Felsklippen, verschiedene Hohlwege bei der Landstraße 1028 und nach Süden. (© GDI-Th)

Im Grundbuch des Grundbuchamtes Gotha ist das Grundstück 31/3373 mit der Eintragung vom **30. Oktober 1946** *auf Ersuchen der Gemeindekommission zur Durchführung der* ***Bodenreform*** *in Tambach-Dietharz eingetragen*. Die Fläche ist mit 24 ha, 64 ar und 80 qm angegeben.

Im Zuge der Bodenreform sind am 26 Oktober 1946 an Land und Wiesen 11´528,01 ha und 21´255,76 an Wald zur Aufteilung gekommen.

Das Land stammt aus den enteigneten Besitz

11`176,53 ha aus dem Herzoglichen Besitz
233,42 ha aus dem Hopf´schen Besitz
86,36 ha aus dem Pfestorf´schen Besitz
28,70 ha aus dem Braun´schen Besitz

Der Wald stammt aus dem enteigneten Besitz

21´255,76 ha aus dem Herzoglichen Besitz

Das Land ist von 11´528,01 ha *Neubauern*
aufgestockte Bauern

9686,83 ha an ***237*** *Land- und Industriearbeiter*
772,50 ha an die Stadt Tambach-Dietharz
1068,68 ha an die Gegenseitige Bauernhilfe Tambach-Dietharz

aufgeteilt worden.

Der Wald von 21´255,76 ha Neubauern
mit 53,17 ha 5 Altbauern
aufgeteilt, die Gemeinde hat 15´204,17 ha
& Rodewald 5998,42 ha erhalten

Heute ist das Waldstück im Besitz des Herzoglichen Hauses Sachsen-Coburg und Gotha und wird von einer Stiftung des Hauses forstlich bewirtschaftet.

4. 3. Kauf eines „Orth Holtzes“ 1481

Vom **19. Mai 1481** liegt uns folgender Kaufbrief mit nachstehendem Inhalt vor:

Wir Nicolaus von gots gnaden Abbt zu Sant Jorgental, Bekennen und thun kunth offintlich mit diessem brieffe vor uns und unser nachkommen das wir umb unsers gotishuses, nutz und fromen willen den Ersamen und wiesen dem Rathe zu Erffurt recht und redelich verkaufft haben, eynen orth holtzes. In diesem walde, beneben, dem geholze, yn vormals verkaufft, nach luthe unsers brieffes daruber, und wir haben yn den selben orth holtzes, vor eyne gute summen gelts gegeben, uns von yn da vor, gütlich und wol in dank bezalt und den selben ort rechter kerstan hoffemann, Irem werkmeister und heintzem tromstorffe von des Raths und der Stat wegen. In dem walde, von ende zu ende bewießen und vertzehnten lassen, die selben meister kerstan und heintz tromstorff von des Raths zu Erffurt wegen, sollichen orth holtzes begangen, bewißer und bezeugent haben uffgenommen. also, das der Rath zu Erffurt, und Ire nachkommen das holtzs groß und rhyne wi dar innen erwagsßen. In kurz oder lang, nach Irem willen, mehr meher dan eyn mal abe hawben und ane alle verhinderung, zu Irem, und der Stat nutz, und fromen her uß füren und brengen lassen mögen, und wan, das also gescheen ist, So sol der selb orth, am grunde des waldes, am selben ende, uns und unserm closter zu unser gebruchunge als vor wydder zustehen. Das zu urkunde haben wir unser abbteye Insigel vor uns unser nachkommen und Convendt an diessen brieff gehangen, den gegeben ist, nach cri(sti) unsers lieben herrn geburth thusent vierhundert darnach im eynundachtzigsten Jaren am Sonnabende nach dem heiligen Sunntag Jubilate nächst nach Ostern. (19 Mai 1481)

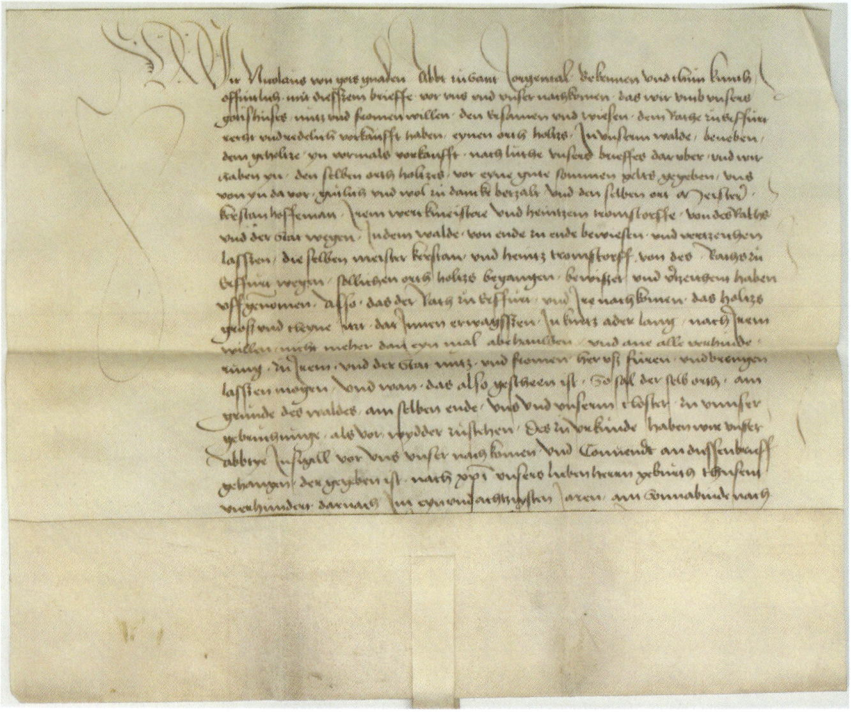

(StAE; Sign. 0-0/A 32-3)

Der Abt Nicolaus des Klosters Georgenthal verkauft aus seinem reichen Waldbesitz (siehe Einleitung) an die Ehrsamen und Weisen Vertreter der Stadt Erfurt, *rechter* (Richter?) **Kerstan Hoffmann** ihrem Werkmeister und **Heinzem Tromstorff** einen Wald. Nach dem abhauen der Hölzer soll *der selb orth, am grunde des waldes* dem Kloster wieder zustehen. Zur Beurkundung wurde das Abteisiegel angehangen.
Angaben zum Ort, die genaue Laufzeit und dem Preis werden dagegen nicht gemacht. Dieser Kaufbrief wurde vom Stadtarchiv Erfurt dem Ermstedter Holz zugeordnet, die folgenden Urkunden geben weitere Auskünfte. Anzumerken sei hier noch, dass Ermstedt 1366 in Erfurter Besitz kam.

1537 Oktober 27.

Die Gemeinde Ermstedt (Ermelstadt) bittet den Rat der Stadt Erfurt bezüglich eines Waldstücks, das die Gemeinde Ermstedt seit vielen Jahren unangefochten genutzt hat, um Hilfe. Die Zinseinnehmer des Abts von Hersfeld in Thüringen (Doringen) behaupten, dass die Gemeinde das Waldstück nicht rechtmäßig zu Lehen empfangen hat und deshalb eine Buße zahlen soll. Es folgen Ausführungen über die Höhe des bislang von dem Waldstück entrichteten Zinses, dessen Zahlungsart und die Benennung eines Zeugen. Nennung weiterer Personen und Orte. *(HStAM; Bestand Urk. 56 Nr. 1472)*

1537 Oktober 30.

Der Rat der Stadt Erfurt bittet Kraft [Myle], Abt von Hersfeld, bezüglich der Gemeinde Ermstedt, ihren Untertanen, von den Zinseinnehmern des Abts neu auferlegten Abgaben bzw. Buße, wie es dem von Gemeinde verfassten Brief, der beigelegt ist, zu entnehmen ist, um Rücknahme der auferlegten Abgaben bzw. Buße.

(HStAM; Bestand Urk. 56 Nr. 1473)

Darstellung des Ermstedter Holzes, von einer spitzen Wiese unterbrochen mit durchgehendem Baumbestand auf der linken Seite. Kartenausschnitt: Der Georgenthäler Forst – Forstmeisterei Georgenthal; gezeichnet 1843 von C. Spätzel (ThStAG; Kartenkammer Nr. 20-4.)

Die Wirtschaftsmacht Erfurt dehnte im 14. Jahrhundert ihr Interessengebiet deutlich aus und beteiligte sich als Militärmacht 1342 – 1346 an Kriegszügen als Verbündete des Markgrafen von Meißen, Friedrich der Ernsthafte u.a. gegen die Grafen von Weimar-Orlamünde und Hohnstein , Schwarzburger Grafen sowie die Vögte von Gera und Plauen.

Im Umfeld von Erfurt wurden 16 Warten (Wachtürme) zur Sicherung und vor allem als Meldeposten bei Feindesbewegung aufgebaut. In dieser Zeit erwarb Erfurt Besitz in Ermstedt, welches etwas nördlich der Via Regia, auch an einer Ost-West Straße liegt.

Das Ermstedter Holz wird im Westen von der Apfelstädt und dem Rodebach begrenzt und wurde von dem Wechmarer-Holz, Haingrube, abgetrennt. Nach Südosten geht die Grenze durch einen felsigen Taleinschnitt, das Güntersloch zum Vogelherdkopf hinauf.

Der Name **Güntersloch** könnte seinen Ursprung in dem Geschlechternamen der Grafen von Kevernburg (Käfernburg) – Schwarzburg haben. Schon in einer Urkunde des Papstes Gregor II. vom **1. Dezember 722** werden viros magnificos (*großartige Männer?*) Asulf, Godolav, Wilareus, **Gundhareus**, Alvold als gläubige Thüringer, *welche lieber sterben, als den einmal angenommenen Glauben verletzen und dem Drängen der Heiden, zum Götzendienst zurückzukehren, nachgeben wollen.*
Bei der als erster genannten und somit wohl höchststehenden Person wird es sich um den Mann handeln, nach dem Kloster Asolverod und die Flurstücke Adolfsrod, vor dem Adolfsrod und dem „Bach aus Adolfsrod" nördlich von Georgenthal, nach Schönau v. d. Walde zu, benannt ist. Auch in einer Urkunde vom 3. März 802 werden **Günther** und **Asolf** mitgenannt, die dem Kloster Hersfeld einen Anteil der Kirche in Kölleda schenken.

Exkurs:
Einen Überblick über die Namen **Eberhard, Asolv** und einige **Günther** über die Zeit von **722** bis zur Gründung des Klosters Georgenthal **1143/44** gibt die Nachfolgende Liste aus den Urkunden der **Regesta diplomatica necnon epistolaria historiae Thuringiae**, Band 1, von O. Dobenecker, 1896.

Zeit	**Name**	**Nr.**
722 Dezember 1.	Asulf, Gundhareus	10
813 Juni 28.	Eburhart	89
825 Februar 20.	Altof	138
825 März 18	Eburhart	139
889 Mai 20.	Eberhard	274
vor 900	Bischof Günther Adelolf Günther Günther Bi. Günther Eberhard	294
914 Juni 7.	Markgraf Eberhard	321
914 Juli	Edler Günther	322
948 März 27	Graf Eburhard	368
958 November 16.	Graf Eberhard	401
1022	Eberhardus	668
1042 August 8.	Eberhardus	760
1045 April 7.	Kaplan Eberhard	773a
1049 Oktober 21.	Graf Eberhard	790
1052 Juli 24	Bischof Eberhard	800
1055 Mai	Bischof von Naumburg Eberhard	804
1065 März 31.	Bischof Eberhard von Naumburg	849
1071 Dezember 29.	Graf Eberhard	890
vor 1088 Mai 27	Eberhard, erschlagener Eigenmann	952
1143 März 20.	Mönche u. Laienbrüder aus Morimund unter Eberhard kommen nach Georgenthal	1459
1144 April	Abt Eberhard in Georgenthal	1482

„Etwa zwischen 1150 und 1160 fertigte der **Mönch** (oder Konverse) **Eberhard**, genannt Eberhard von Fulda, der wahrscheinlich einer thüringischen Ministerialenfamilie entstammte, Abschriften der im Kloster gesammelten Besitzurkunden aus früherer Zeit im Umfang von 178 Blatt (Band 1) und 196 Blatt (Band 2) an.“ *(Wikipedia)*
In diesem Codex Eberhardi (CE) genannten Werk befinden sich auch Thüringer Orte, wie z.B. Groß- und Kleinfahner, Friemar oder das Freiwalddorf Tröchtelborn.

Auch wenn nicht alle in der Tabelle stehenden Namen dem Käfernburger Geschlecht zugeordnet sein sollten, zeigt die Liste , dass erwähnte Männer eine hohe und höhere Stellung im Mittelalter einnahmen und Einfluss ausübten. Ein Beispiel ist der 1143 aus Morimund gekommene Eberhard. Er ist der Neffe des Stifters des Klosters Georgenthal, Sizzo III., Graf von Schwarzburg - Käfernburg und wurde als Abt eingesetzt.

1143 März 20.

Heinrich, Erzbischof von Mainz, beurkundet, daß der Edle Sizzo, Graf von Käfernburg, mit seiner Gemahlin Gisela auf seiner Besitzung Georgenthal ein Kloster, und zwar Cistercienserordens, den er auf seinen und seiner Prälaten Rat gewählt, gegründet, mit ***Mönchen und Laienbrüdern aus Morimund unter Eberhard, dem Verwandten des Grafen, als Abt besetzt****, unter Zustimmung seiner Söhne Heinrich und Günther mit dem genannten Orte ausgestattet und Jesu Christo, der Jungfrau Maria, dem Märtyrer Georg und dem heiligen Benedictus übertragen hat; befreit das Kloster von allen weltlichen Leistungen; nimmt es auf Wunsch der Stifter in ewigen Schutz der Mainzer Kirche mit allen seinen näher beschriebenen Besitzungen. 41 Zeugen, darunter Werner vom Petersberg Erfurt. (Dob. Band 1 Nr. 1459)*

(Ausschnitt, ThStAG; Geh.-Archiv DD IIa Nr. 2h)

Am ***14. Dezember 1260*** *entscheiden Heinrich, Graf von Henneberg, Eberhard von Schlüsselberg, Heinrich, Vogt von Weida, Heerdegen von Gündlach, Wolfram Schenk von der Reut und* ***Eberhard von Waldenfels*** *über einen Streit zwischen ihrem Herrn, Bischof von Bamberg, und den Grafen Hermann und Otto von Orlamünde über den Nachlass des Herzogs Otto von Meran... (Dob. Band 2 Nr. 2844)*

Die **Burg Waldenfels**, auch Altenfels, am südlichen Ende der Schmalwassertalsperre, sicherte die Straße von Tambach und Dietharz nach Steinbach-Hallenberg, wo sie bis heute als Königsstraße bezeichnet wird.

Das Käfernburger Grafengeschlecht war über den Thüringer Wald hinweg reich begütert und verbreitet. Am Bekanntesten ist die Ruine Käfernburg, Siedlung Schwarzwald in Luisenthal und die Burgstelle Käfernburg bei Oberndorf südöstlich Arnstadt, dem früheren Hauptsitz. Im Norden reichte das Herrschaftsgebiet bis Tonna (Kettenburg in Gräfentonna) und nach Osten über Schwarzburg, Bad Blankenburg bis Saalfeld. In Saalfeld wurde am 1. Dezember 1272 von Günther (VII.), Graf zu Käfernburg, ein Benediktiner-Nonnenkloster gegründet. Am **19. April 1275** wird *der Äbtissin und dem Konvent* des, mittlerweile, *Zisterzienser-Nonnenkloster zu Saalfeld durch den Erzbischof von Mainz, Werner, erlaubt, das Kloster nach (Stadt-) Ilm zu verlegen, besonders betreffs des Weidelandes, des Gehölzes und anderer nötiger Dinge.* *(Dob. Band 4 Nr. 1163)*

In der Zeit von 1301 – 1533 ist das Dorf Seebergen im Besitz des Zisterzienser-Nonnenklosters Stadtilm. Vogteirechte übten die Grafen v. Schwarzburg (Vogtei Seebergen) aus. Hier schließt sich der Kreis zum Wald des Klosters Georgenthal. Das Kloster Stadtilm war Besitzer und die Vogtei Seebergen war verantwortlich für die Verwaltung des Seeberger Holzes am Bromacker bei Tambach-Dietharz, neben dem Freiwald liegend. *(AGL)*

Der Ort Seebergen wird mit 1246 erst ziemlich spät erwähnt. Benachbarte Orte in der fruchtbaren Gegend sind schon im 8. Jahrhundert genannt. Archälogische Funde von 4000 bis 5000 alten Gräbern auf der Heiligen Lehne beweisen eine frühe Besiedlung. Eine Erklärung für die Späte Nennung könnte sein, dass Seebergen in stabilen herrschaftlichen Strukturen der Käfernburger Grafen eingebunden war und somit nicht durch Gütervergaben, wie ander Orte, in Erscheinung trat. Das Rätsel über die Waldvergaben des Seeberger-Holzes, des Freiwaldes und des Wechmarer Holzes-Haingrube kann nur im Zusammenhang gelöst werden. Einen Ansatz dazu bieten die Aktivitäten Karl des Großen Ende des 8. Jahrhunderts. Durch die Dauerbelastung seines Reiches durch die 13. Sachsenkriege und je einer Auseinandersetzung mit Slawen und Thüringern trieb er die Christianisierung im Thüringer Becken voran und festigte diese durch viele Güterschenkungen. Die im **Brevarium sankt Lulli (775-786)** aufgeschriebenen Gütervergaben sind zugleich für eine Vielzahl von Orten die erste Urkundliche Erwähnung. **Wechmar ist 786 als Königshof und somit als Pfalz Karl des Großen genannt.** Welche besondere Leistungen erbrachten die Orte Wechmar, Seebergen und die sieben Freiwaldorte in dieser Zeit? Wurden hier umgesiedelte Sachsen ansässig, und dafür Bau- und Brennholz vergeben? Dies muss die zukünftige Forschung beleuchten.

Zurück zum Ermstedter-Holz.
Die Grenze geht vom Vogelsherds-Kopf in einem Hohlweg nach Norden weiter und verlässt diesen nach ca. 500 m. Dann biegt sie nach WNW ab, geht durch einen Taleinschnitt und über die Apfelstädtaue bis zur Koppel der Schlöffelsmühle (Sägewerk). Bis zum ehemaligen Bahndamm (jetzt Radweg) ist sie auch Grenze des Schwabhäuser Holzes. An der Koppel entlang führt die Grenze bis zur Einmündung des Rodebaches in die Apfelstädt.

Von einem großem (Hoch-)Wasser und Setzung eines Neuen Grenzsteines berichtet die Akte vom Stadtarchiv Erfurt; 1-3 Ermstedt A 126.

Demnach Eine Ersame Gemeinde zu Ermestet bey Fürstl: Sächs: Forstambt alhir anbringen laßen, das auch der am ***20. September ao 1671*** *an ihren gemeindt undt privat Holtze am waßer gleich den herrschaftlichen Hammer über an stat deßen daselbst gestandenen undt* ***vom großen waßer weg gerißenen dreyeckichten steines,*** *auf die Wiese gesezte Stein, wovon in demahl aufgesezter grentz beschreibung meldung geschehen, von waßer weg gerissen, undt die grentz unrichtig worden, derowegen angehalten undt gebethen, das Sie an des alten dreyeckichten Steines stelln, einen andern setzen möchten, undt wir dan an Forstambts seiten zu erhaltung guter grentzrichtigkeit, es selbsten vonnötig erachtet,... ist solche Steinsetzung heütiges tages in unserer beyden zu ende benanten bey sein, undt anwesenheit*
Christoff Ritders lehnträgers
Christoff Wenck von der Gemeindte als ältester,
Christoff Rotschuh Holzmeisters
Hanß Kraft undt
Hanß Caspar Großgebauers Holtzknechts
vorgenommen, undt ein großer 3 eckichter Sandt Stein gleich hinder den Herrschaftlichen Hammer an das waßer uf einen zusammen geflütete Inßell, wo der alte Stein gestanden gesetzet, undt solcher Stein oben mit schleiffen gehaun undt bemarket worden, daß ein schlauffe hinnauf nach den am Rotenbach stehenten, die andern Schlauff herunter acht bald nebst den waßer ein wenig seitwerts uf den rasen gesetzten auch heüte dato zu mehrer richtigkeit willen gesetzten Spitzigen Kißell oder wasserstein, Zeigett das also dieser grentz wiedrumb ihre richtigkeitt bekommen, deßen zu uhrkundt, undt daß dieser Zweyer Steinsetzung, in unserer gegenwart undt genehmhaltung geschehen, wir dieses zum Schein undt nachricht außfertigen wollen.
Datum Geörgenthal d ***12 July 1686***

Fürstl: Sächs: Forstambt

Herwig Christoff Hauermüller — *Lorentz Cramer*

Exkurs:
Der genannte ***Rotenbach***, auch *Rothenbach* wird heute Rodebach (Rodebachsmühle) geschrieben. Dies assoziiert erst einmal die Tätigkeit – Roden der Bäume, was ja bei vorhandenen Wiesenstücken geschehen ist. Da der Rodebach im sumpfigen Schreckjohn entspringt, ist sein Wasser dort durch das gelöste Eisenoxyd durch die mitgeführte Humussäure rötlich – dunkel verfärbt und es setzt sich eine hellrote Mudde (Seesediment) ab. Die Farbe könnte also auch für den Namensursprung gedient haben. Rot steht noch für einen weiteren Begriff, der sich z.B. in *Verrotten* findet. Im Mittelniederländischen steht **rot** für *faul, schmutzig*. Der Bach Rot, der das Ried, den sumpfige Rest des nacheiszeitlichen Sees nördlich des Seeberges nach osten entwässert, führt ebenfalls dunkel gefärbtes Wasser. Der Name Rottdorf (östlicher Ortsteil von Blankenhain), bei dem die Schwarza aus einer ehemals vermoorten Stelle entspringt, könnte als Dorf an fauliger, schmutziger Stelle erklärt werden.

1693, 20. Okt.
Seit 1654 sind zwei (hersfelder) Fürsten mit dem Tod abgegangen, deswege die Lehnsache vernachlässigt und Ermstedt Ihre bishero unterlassene Schuldigkeit leisten soll oder das Lehen verloren geht. *(StAE; 1-3 / Ermstedt A 127)*

1695 wird das Ermstedter-Holz durch das fürstlich-sächsische Amt nach mehrmaliger Mahnung wegen Steuerschuld beschlagnahmt. *(StAE; Sign. 1-3 Ermstedt A 142)*

1732, 27. März
Rechtsstreit wegen Bestall und Verpflichtung des Holzknechtes.

Am genannten Tag erschienen auf Schloss Friedenstein vor dem Oberforstmeister Ütterodt des Forstamtes Georgenthal, *wegen **Bestall und Verpflichtung des Holzknechtes aus der Gemeinde Ermstedt***
Elias Götz, Bernhardt Nicol, Bernhardt Müller und Andreas Bachmann, Aeltesten
Hannß Möller, Aeltester und Lehnsträger
Hannß Balthasar Rottstedt, Heimbürge, und
Georg Zacharias von der Gemeinde nebst ihrem rechtl. Beystande, dem ordinar Hoff Advocato Dr. Seulen, welcher angezeiget wird, daß sie den Holtzknecht zum ForstAmbte zur Verpflichtung stellen müsten.
Die Gemeinde Ermstedt legte dar, *vermöge deßen sie den Holtzknecht nur Zeugend Gelöbnis stellen müßten; So wollten sie jedoch auch nunmehro noch geschehen laßen, daß er beym ForstAmbte verpflichtet würde ...* Des weiteren ging es um *die 2. rthlr. Anweißgebühr vor das Zimmerholtz* und *so wöllten sie sich nicht wiegern, solche fernerhin zu entrichten.* Das Abzahlen der Anweisgebühr könnten sie ihrem Forstknecht nicht gestatten. Der Oberforstmeister Ütterodt entgegnet aber, *ob nicht das Claffter-Holtz*

allezeit abgezahlet werden müßen, ehe es die Gemeinde ab führen dürffen. Die Verfügung wurde in vier Punkten erlassen.

1.) soviel den Holtzknecht anbelange, es dabey sein Bewenden behalten, daß solcher vor das Forstambt gestellet, und deshalb verpflichtet werden müste, jedoch hätte

2.) das ForstAmbt die Gemeinde mit übermäßigen Gebühren nicht zu beschweren sondern solche erleidlich einzurichten.

3.) die 2. thlr. Anweiß Gebühr vor das Zimmerholtz müße die Gemeinde nach wie vor abstatten.

4.) was die Abzahlung des Claffterholtzes betreffe, bleibe es dabey, daß solche durch den Holtzknecht verrichtet werden solle, damit die Gemeinde nicht ungebührlicher Weise aufgehalten werde: doch sey dem Oberforstmeister unver ...ehret, darüber Aufsicht zu führen, und wo er etwa Unterschleiff vemarckete, behörig remedur zu schaffen. Es habe also der Cammer Procurator dieses, und daß der Sache auf solche Weise abgethan sey, der Fürstl. RenthCammer zu hinterbringen, und solle nechstdem mit abschrifftl. beylage dieses Protocolls an das ForstAmbt behorige Verfügung ergehen. Welches üm Nachricht willen anhero protocolliret. *(StAE; 1 – 3 Ermstedt A 158)*

In der Akte *Stadtarchiv Erfurt; 1-3 Ermstedt A 129* wird der Holzverwalter für die Gemeinde Ermstedt ***Johann Christian Friedrich Groß*** am **21. Februar 1759** verpflichtet, der seinen Vater Johann Ernst Groß ablöst. Seine Aufgaben sind in zwei Punkten genannt sowie der Amtseid, für dessen Ableistung er 5 Groschen und 4 Pfennige, das sogenannte *Kopf-Stück* empfangen soll.

Verpflichtung des Holzverwalters Großen jun:
Actum Ermbstedt d. 21 Febr: 1759

1.) *Soll er die Claftern, die in die Gemeinde zum Nachbar loßgehauen werden, richtig und völlig machen laßen von dem Reisige nichts entwenden oder an frembde verkauffen sondern der Gemeinde richtig anzeigen und des wegen VerOrdnung gewarten.*
2.) *Soll Er bey diesen Zeiten da das Holtz im Werth ist das Stock Holtz nicht höher alß 16ggr. verkaufen und solches eben so wenig frembden, sondern hiesigen Nachbarn alleine überlaßen; solle aber das Holtz wohlfeilen werden, soll er sichs auch gefallen laßen, von 12 oder 10gr oder noch wohlfeiler die Clafter zu geben, auch solches StockHoltz alljähr. so lange im Walde liegen laßen, biß ihm vom Vormundschaft erlaubniß ertheilet werde durch andere abführen zu laßen. Würde Er aber überführet werden, daß Er darwieder handeln und etwann eines und das andere an frembde wider unsern Willen verkauffen und entwenden, Er sichs auch auch gefallen laßen, abgesetzt zu werden. Vor diese ihm auf erlegten Dienste hat Er jährlich zu seiner Besoldung fünff Gülden Meisner an Geld und*

nebst der Wiesen an der Straßen zu ahnfreiren, das obgedachte StockHoltz doch so wie oben gemeldet worden. Hierauf hat Er angelobet nur mit aufgerichteten Fingern den Eyd der Treue abgeleget alß:

Ich: Johann Christian Friedrich Groß Zuwohnen in Georgenthal und der Gemeinde Ermstedt nummehro bestelter Holtzverwalter, stehe allhier von Gottes Angesicht und Einer Erbaren Gemeinde, schwöre und gelobe, daß ich meinen anbefohlenen Amte treulich vorstehen, nichts vom gehöltze groß oder klein Partirlicher weise durch mich oder die Meinigen entwenden, alles was sträflich sich befindet, fleißig ansagen, hierinne keine Person ansehen und soviel möglich gute Aufsicht haben will solches schwöre ich so wahr mir Gott Helffe und sein heiliges Wort.

Johann Christian Friedrich Groß

Wichtig für den Grenzverlauf und das Auffinden, oder die Ermittlung der Standorte bei Verlust der Grenzsteine sind die historischen Grenzbeschreibungen. Auch werden ausführlich bei der „Beziehung“ (Grenzumzug oder Umritt) alle beteiligten Personen mit ihrer Stellung genannt. Um dem System nachzuspüren, ist die Grenzbeschreibung vom **06. Juni 1731** vollständig abgedruckt.

Gräntz - Beschreibung
des
in allhiesigen AmbtsBezirk
liegenden
Ermbstädtischen Gemeinde Holtzes
wie solches d. 6 Junii 1731
beritten und bezogen
worden

Anno 1731 d. 6 Junii ist die Gräntze des der Gemeinde zu Ermstädt eigenthümlichen, dem Fürstl. Haußе Heßen Caßel, wegen des Stifts Hirschfeldt (Hersfeld, der Autor) *Lehnbaren und dem Fürstl. Hause Sachßen Gotha ins Ambt Georgenthal Steuerbaren Höltzleins bezogen werden, und sind gegenwärtig gewesen*
Auf Seiten des Fürstl: Forst Ambts
Hr. Johann Adolph Christoph von Ütterodt, Oberfostmeister
Hr. Johann Daniel Hoffmann Ambtmann
David Daniel Bauer, Forst Bedienter zu Georgenthal
Auf Seiten der Gemeinde
Georg Rittersdorff, Holtzmeister
die Gemeinde Heimbürgen
Hanß Müller

Andreas Nicolai *Lehnträger*
Hanß Georg Götze
Michael Rurise, jun.
Hanß Baltzer Rottstädt,
Johann Lorentz Groß, Holtzförster

Ermstädter Holtz.

No.	*1.*	*vom ersten stein am Tambacher wege nebst der zur Schäferey Nauendorf zur lincken Liegenden Wiesen biß an das Schwabhäußer Holtz sind 30 Ruthen*
	2.	*gehet von diesem stein die Hohle hinauf zur lincken Schwabhäußer zur rechten Ermstädter Holtz*
	3.	*Ein stein in der Hohle auf 12 Ruthen*
	4.	*Ein stein bey dem Fahrwege, von diesen gleicher Linie fort, zu*
	5.	*Ein stein mit einen + dann ferner fort zu*
	6.	*Ein stein abermalhl in gleicher Linie aufwerts fort in 10 Ruthan biß zu einer großen Tannen allhier wendet sich ein wenig zur rechten Hand in 10 Ruthen über dem Fahrweg hin zu*
	7.	*Ein stein, gehet gerade fort zu*
	8.	*Ein stein, so in die Hohle Zeiget, wo das wechmarische Holtz anstößet, und das Schwab häuser Holtz zur einen endet, dabey noch eine halbe Ruthe breit uf die Spitze*
	9.	*Ein großer stein woran wechmar und Ermbstedt mit eintzeln Buchstaben gehauen von diesem wendet sich die Grentz zur rechten und gehet in der Hohlen, da zur lincken wechmarisch und zur rechten Ermstedter Holtz in der Hohle uf 26 Ruthen uf*
No.	*10.*	*Ein stein woran E. W. gehauen gehet ferner in der Hohlen fort in 58 Ruthen zu*
	11.	*Ein kleiner spitziger stein, so nicht wohl zu sehen, und*
	12.	*Ein großer Stein dabey gesetzet worden*

von hier in $3^1/_2$ Ruthen wieder in der Hohlen, und

13. *Ein stein, worauf ein winckel gehauen wendet sich allhier zur rechten Bergabwarts in 12 Ruthen zu*

14. *Ein stein woran W.M. gehauen gehet ferner Bergabwarts, da zur lincken wechmarisch, zur rechten Ermstädtisch Holtz in 23. Ruthen zu*

15. *Ein stein mit W. M. dann ferner so berg abwerts in 10 Ruthen zu*

16. *Ein waldtwacke wobey ein neuer Sand stein so auf einer Seite mit W. M. auf der anderen mit 1729 bezeichnet gesetzet worden, von diesen nach weiter Berg abwerts 75 Ruthen zu*

No: 17. *Ein Sandstein, woran uf einer Seite Vietzerod, uf der andern Seite nach mer Ermbstedt, und uf der dritten Seite wechmar gehauen, und ist der stein mit No: 2. bemarket, allhier wendet sich die Grentz zur rechten und gehet wie das Flüßlein unterhin zu den steg, der beym steinern Creütz lieget und über den Tambacher Fahrweg hinüber in 54 Ruthen zu*

18. *Ein stein an der Ecke mit einen winckel wo dis Rothenbachflüsslein in die Apfel städt fällt, gehet rechtwerts an dem Hammer an der wiesen uf 19 Ruthen von dar zur lincken wie das Holtz und wiesen gleich – nach der Apfelstedt und gegen dem Herrschaftlich. Hammer und 7. Ruthen uf*

19. *Ein stein mit einen winckel von der linckerhand über den Waßer graben hinüber auf*

No: 20. *Ein neüer Sandstein am Waßer*

21. *Ein kleiner Spitziger stein darauf oben ein + gehauen hiervon 3 Ruthen uf*

22. *Ein stein an der wiesen von dar und*

am Holtz hinweg uf 6 $^{1}/_{2}$ Ruthen weit uf
23. *Ein stein mit einem +. hier wengleich im Holtz fort nach einen gräbgen und am selbigen fort bey 10 Ruthen uf*
24. *Ein kleiner stein mit einem + ferner am grabgen hinunter bey 10 Ruth uf*
25. *Ein stein mit einem + der im gräbgen gestanden, aber umgefallen geweßen, wegen der Wäßer dahero Er zur lincken seite uf das Ufer gesetzet worden, von hier gehet es ferner in dem Gräbgen fort, und zwar dem einen Gräbgen ein Fleck unten etwas zur Lincken in ein andern grentz gräbgen uf 26 Ruthen zu*
No: 26. *Ein stein im Zaun an Lentzens wiesen mit einen + hiervon ferner den Zaun an der wiesen hinunter auf 28 Ruthen allwo uf fr. Banlbten-Gaulichs wiesen*
27. *Ein Stein stehet, ferner rechtwerts an den Zaun und der Wiesen hinüber fahrweg hinüber 17 $^{3}/_{4}$ Ruthen uf*
No 1 *Ein Sandstein nechst den Tambacher wege, wie ferner beschrieben*
Actum ut Supra

(Siegel) (Siegel)
Ütterodtzs *Hoffmann*

(StAE; Sign. 1-3 / Ermstedt A 128 - 1)

In dem *Lehnbrief der Herrschaft Ermstedt über einen Flecken Wald,* gewährt ***Friedrich*** (III.) ***Landgraf zu Sachsen***, *Fürst zu Hersfeld, Graf zu Katzenellenbogen, Dietz, Siegen, Nidda, Schaumburg und Hanau, Ritter des Königlich Großbrittannischen Ordens vom blauen Hosenband* die Erneuerung eines älteren Lehnbriefes. Die Fläche wird mit *ein Hundert und Fünfthalb Acker Hersfeldisch, etlicher Maß Ruthen weniger oder mehr, ohngefehrlich haltend*, angegeben. Da *Vier Mann, mit todte abgegangen, und dieses Lehen verledigt,* also keine Gebühren bezahlt worden sind, soll die Gemeinde, die *Companen* (Mitglieder) und Heimbürgen zum Bekenntniss (Weiterführung des Lehens) einen *Landschilling* geben.
Geschrieben: **26. Mai 1761.** *(StAE; 1-3 Ermstedt A 146)*

__1762__ sollen die Gemeinden für ihre Hölzer Wechmar, Ermstedt, Schwabhausen und Peterholz Kostenbeiträge für den Weg hinter dem Klostergarten (Schlossbrunntal) leisten. *(StAE; Sign. 1-3 Ermst. A 135)*

In der Grenzbeschreibung vom **18. Juni 1823** werden die heute noch vorhandenen Grenzsteine bis Nummer 34 mit der Zwischenversteinung 33a bis 33c übermittelt. Die Mitglieder des Grenzzuges werden hier abgedruckt.

__I__, Von Seiten des hiesigen Herzoglichen Forst und Justiz-Amtes
der Herzogl. S. Landjägermeister Herr Friedrich
Ludwig Konstantin von Wangenheim
der Herzogl. S. Rath und Amtmann Herr Heinrich Ludwig Carl Brückner
der Herzogl. S. Cammerjunker Herr Bernhardt Ernst von Schlotheim.
der Herzogl. S. Forst Commißarius Christian
Wilhelm Ludwig Hofmann
Der Herzogl. S. Förster des Georgenthäler Reviers Herr Friedrich Georg Ludwig
Schröter, ingleichen
der Herzogl. Sächs. Forst-Substitut des Gräfenhainer Reviers,
Herr Friedr. Gottlieb Grosgebauer
beide wegen der in diesen Holze zu exercierenden Jagd.

__II__, Von Seiten der Gemeinde Ermstedt
der Holzaufseher Johann Nicolaus Fuchs
von hier ferner der
Schultheis Johann Ernst Ritterdorf von Ermstedt
der Gerichtsschöppe Nehrlich
der Gerichtsschöpp Möller
der Schullehrer, Herr Johann Michael Kölling
als Gemeindeschreiber
die beiden Lehnträger
Johann Ernst Ritter
Johann Franz Kneuse
der Waldheimbürge, Gollfried Adolph Ritterdorf
der Gemeindeheimbürge Heinrich Christoph Leonhardt.
ferner folgende von der Nachbarschaft zu Ermstädt
Christoph Ernst Weise
Justinus Scharlach
Heinrich Ludwig Ruge
Andreas Themar

Johann Andreas Weise
Lorenz Nax
Michael Ernst Nicolai
Johann Ernst Guß
Jakob Wilhelm Bach
Johann Ernst Rittersdorf Jun:
Johann Jakob Braun
Johann Nicolaus Steinbrück
Johann Franz Schifler
Johann Franz Rittersdorf Senior
Johann Nicolaus Riede
Johann Andreas Quek
Johann Christoph Ritter
Franz Stephan Rößer
Georg Christoph Götze
Franz Rittersdorf Jun:
Jakob Dünkel Jun:
Johann Adam Weise
Johann Stephan Riede
Johann Christoph Zentgraf
Johann Michael Zentgraf
Johann Christoph Rößer
Johann Friedrich Wöller
Heinrich Weidemüller
Georg Christoph Weidemüller
Christoph Ernst Queck
Christoph Ernst Ritterdorf
Heinrich Klee
Johann Ernst Kunuse
Johann Franz Dünkel Jun:
Johann Heinrich Mäder
Joachim Weise
Nicolaus Filbri
Johann Christp. Weise
Andreas Benjamin Leonhardt
Andreas Braun
Georg Heinrich Wagner
und wurde der Anfang dieses Gränzzugs oberhalb der Pflugbrücke über Georgenthal an der nach Tambach führenden Chaußee, neben einer vormals zur Nauendorfer Schäferey

gehörigen linker Hand gelegenen Wiese bey dem Grenzstein ***No. 1.*** *gemacht, und nach mehreren Inhalt der folgenden Beschreibung fortgesetzt.*
Die Beschreibung endet mit folgender Nummer:
No. 34. Ein weißer Sandstein mit einen Winkel, von welchem es rechter Hand über die Wiese hinüber und die Tambacher Chaußee hin mit 17 Ruthen 13 Schuh zu No 1. geht wo der heutige Gränzzug seinen Anfang genommen hat.

Hier ist anzumerken, dass es Steine mit a, b und c gibt. Es wurde also bei zu großen Abständen die ursprüngliche Nummerierung beibehalten und mit Zusatzsteinen verdichtet.
Besonders auffällig ist im Vergleich des am 18. Juni 1823 mit 58 Personen durchgeführten „Umzug" die Anzahl der Beteiligten beim Grenzzug von 1731 mit 10 Teilnehmern.

Heute sind noch 17 Grenzsteine erhalten, wobei in den letzten Jahren einige durch Forstmaschinen beschädigt wurden. Einige Beispielbilder sollen genügen:

Grenzbaum Schwabhausen/Ermstedter Holz am Zigeunerweg

Stein Nr. 3 im Weg, mittlerweile mit Bodenfräse beschädigt.

Rechts: Kreuzzeichen auf dem Kopf Stein Nr. 12 aus herbeigebrachtem Kalkstein, die Seiten sehr uneben und verwittert, so dass die 12 kaum lesbar ist

Stein 17 ist gleichzeitig Nr. 91 des Wechmarer Holzes.

Stein 22 an der Einmündung des Rodebaches in die Apfelstädt unmittelbar am Bahndamm.

Der Eckstein Nr. 34 an der Koppel der Schlöffelsmühle.

Die Nummerierung verläuft, wie bei den meisten Versteinungen, im Uhrzeigersinn. Die Ausnahme bildet das angrenzende Schwabhäuser Holz, dessen Zahlen nach links herum größer werden.

In nebenstehender Karte ist die Bahnlinie Georgenthal – Tambach - Dietharz eingezeichnet und es ist die Einteilung der Forstabteilungenen als gestrichelte Linien zu sehen.
Für die Bahntrasse wurden am **28. August 1891** drei Grundstücksparzellen zu 12,57 ar, 25,4 ar und 28,42 ar verkauft.
Die Nordostgrenze des Ermstedter Holzes geht vom Eckstein Nr. 34 auf den in der Grenzbeschreibung genannten Stein Nr. 1 nach Osten. Dieser Nr. 1 befand sich nicht weit von *dem Tambacher Fußsteig* auf der Wiese.

Ermstedter Holz mit Forstabteilungen (Kartenauschnitt Revier Georgenthal mit Revier Freiwald; ThStAG; Samml. Karten H2 192)

Stein der Forstabteilungsgrenze IV, V

Bei den Forstabteilungen sind noch Steine vorhanden, die an der Wechmarer Grenze für deren Nummerierung mit a, b, c usw. genutzt wurden. Sie sind mit ca. 100 cm deutlich höher, in Breite und Tiefe aber schlanker als die übliche Steingröße der Waldgrenze.

4. 4. Andere Waldstücke der Stadt Erfurt und Ermstedt

Um 1500 kaufte die Stadt Erfurt noch weiter Wald oder machte dafür Schuldverschreibungen. Hier die zeitliche Aufstellung:

13. Januar 1500
Schuldbrief des Rates von Erfurt für den Abt Niclas des Klosters Georgenthal über 77 rheinische Taler Kaufgeld für 22 Acker Holz.

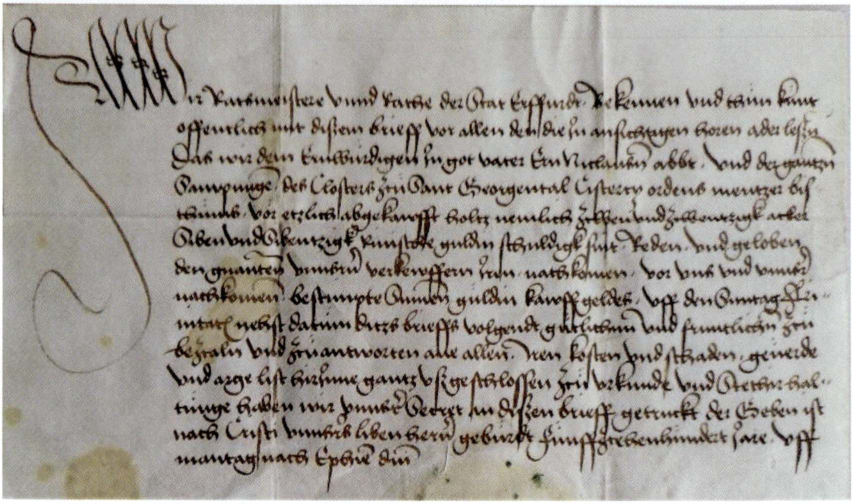

(StAE; 0-1 / IV – 58)

18. Dezember 1500;
Schuldbrief bis nächsten Walpurgis … über 100 Florin für Dr. Johanni Berlebis, Scholaster S. Severs Kirchen *(StAE; 0-1 / IV – 59)*

1503;
Quittung vom Abt Nicolaus des Klosters Georgenthal, dass dem Hofmeister des Klosters in Erfurt 25 rheinische Gulden jährlich wiederkäufliche Zinsen *auf nechst Walpurgis* bezahlt wurden. *(StAE; 0-1 / IV – 1309)*

Mai 1505;
Quittung vom Abt Nicolaus *des Closters zu sanct Georgenthall Cistern Ordins bekennen vor unns unser Sammnunge auch von unsers hoffemeisters wegin zu Erffurt, Das unns dy Erßamen unnd wahaften der Erbar Rath zu Erffurth fünffundzwantzig Reinsche gude guldenn Jerlichs widderkäufflichs ziynns* bezahlt haben. *(StAE; 0-1 / IV – 1308)*

10. Dezember 1505;
Kaufbrief über 110 Acker Holz bei Zeckla
Abt Johannes, Prior A., Kellner B., Burcharus C. und die ganze Samnung des Klosters Georgenthal ... verkaufen den ehrsamen und wolweisen Ratsmeistern, Rat und Räthen der Stadt Erfurt Hundert (Zehn - später eingefügt) *Acker Holz über Lappe zu studenns Hof in Zeckla.*
Jeder Acker mit der Gerten zu 16 Schu Länge und 4 Schu Breite. Einundzwanzig Schneeberger (Pfennige?) für einen Gulden. Drei Acker der Fläche waren aber *blosse* (ohne Bäume) und der Rat konnte Entscheiden, ob er 3 andere Acker dafür haben wollte. Nach der Holzernte steht die Fläche nicht dem Rate, sondern dem Kloster zu. Erwähnt wird weiter eine ***Schnetmollen*** (Schneidemühle) zu Tambach, die für 4 Jahre gekauft, und zwei Jahre davon schon verflossen sind. Bei dieser Mühle könnte es sich um die Mittelmühle, der 18 Tambacher und Dietharzer Mühlen, gehandelt haben.
(StAE; 0-0/ A 32-4)

Ein Hinweis auf den Namen Zeckla konnte weder bei Luise Gerbing noch bei anderen Heimatforschern erlangt werden. Die Mittelmühle wurde zu o.g. Zeit auch *„Erfurter Schneidemühle"* genannt. „1535 wird sie als zweite Schneidemühle erwähnt. 1537 war sie an einen Jägermeister verpachtet und nach der Klosterzerstörung vom Rat zu Erfurt zusammen mit einem Stück Wald für 300 Florin gekauft. Der genaue Standort ist nicht bekannt, wird aber bei der heutigen Firma Geiger Technik GmbH vermutet."
(Aufzeichnung Ortschronistin H. Klein, Tambach Dietharz)
Wie bei vielen anderen Mühlen auch, änderte sich der Name mit Besitzerwechsel. So wurde diese Mühle „Hünfeldischer Eisenhammer" (1648) und 1827 „Ernst Kleinsteubers Söhne, Holzhandlung, Säge und Hobelwerk" (bis 1929/30) genannt.

1506 November 18.
Johannes, Abt des Klosters Georgenthal, quittiert dem Rat zu Erfurt über 100 fl. für verkauftes Holz, dessen Kaufpreis schon am 25. Juli fällig war. - Mitwochen nach Briccy. Georgenthal. *(StAE; 0-1 / IV - 1309)*

Mai 1508
Quittung des Abts Nicolaus des Klosters zu Georgenthal über 20 ½ Gulden, die dem Hofmeister des Klosters in der Stadt Erfurt *gütlich, ganz wol und zu gutem Danke* bezahlt wurden. *(StAE; 0-1/ IV-1311)*

1509 Dezember 14.
Quittung des Abts Johannes zu Georgenthal für den Rat zu Erfurt über 25 Florin Zinsen von wegen der **Schneidemühle** (in Tambach) *auff nächst sanct Martin.*
(StAE; 0-1 / IV-1312)

November 1510
Quittung des Abts Johannes des Klosters S. Georgenthal über 100 rheinische Gulden für *etzlich Holtz gutlich und wol bezalt haben.* *(StAE; 0-1/IV-1310)*

1522 Mai 22.
Quittung ausgestellt von Abt Johannes zu Georgenthal über 16 Gulden wiederkäufliche Zinsen auf nächst Walpurgis, *quid ledig und lose* bezahlt. *(StAE; 0-1 / IV-1313)*

1522 November 13.
Andreas Lebe, Schreiber zu Georgenthal, quittiert dem Rat zu Erfurt über 25 fl. am 11. November fällige Zinsen von einer Schneidemühle in Tambach. - Donnerstag nach Martini.

(StAE; 0-1/IV-1314)

1532
Quittung des Klosters Georgenthal über 25 Florin Zins für die **Schneidemühle** *zum Tambach.* Geschrieben vom Schreiber Andreas in *Jorgentall.*

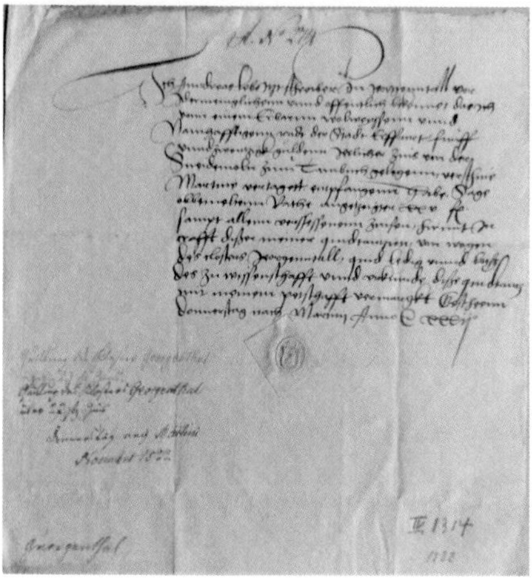

Bild und Inhalt der Quittung des Schreibers Andreas von 1532 (StAE; 0-1 / IV-1314)

Das lässt den Schluß zu, dass nach der Reformation kein Abt mehr im Kloster Georgenthal war. 1525 wurden die Klöster Reinhardsbrunn und Georgenthal von Aufständischen geplündert und teilweise zerstört. Über den Verbleib der Insassen der Klöster berichtet Heinrich Stiehler: *„So tritt denn im Verein mit seinem Leidensgefährten, dem Abte von Reinhardsbrunn, am Sonntag nach dem* ***14. September 1525****, dem Feste der Kreuzeserhöhung,* ***Johann dem Beständigen*** (von 1525 bis 1532 Kurfürst von Sachsen; d. Verf.) *„alle Gerechtigkeit, Zu- und Angehöriges, wie sie Namen haben mögen, wo und an welchem Orte sie gelegen und dem Kloster zuständig sind,“ freiwillig ab, „damit zu thun, wie und was S. Fürstliche Gnaden für gut halten.“ Zu gleicher Zeit danken beide für „die gnädige Versorgung“, die ihnen unter kurfürstlichem Siegel zugestellt worden, in der Hoffnung, der Kurfürst werde auch die andern Brüder gnädig bedenken.“ Und worin besteht denn unseres Abtes „gnädige Versorgung?“ Zum Wohnsitz ist ihm der* ***Georgenthäler Hof in Gotha*** *angewiesen, dieser aus zwei im Jahre 1259 und 1273 überlassenen und zugesicherten Höfen, wie auch aus sechs 1306 durch Kauf erworbenen cureis et areis (Höfen und Hofräumen) durch Umbau entstandene Hof*

„in der Siebenleuben Gassen zu Gotha nicht weit vom Thore." Hier haben sich ihm einige der höheren früheren Klosterbeamten zugesellt, während die übrigen Brüder, die bei dem Untergang des Klosters Georgenthal nach ***ihrem Hof in Erfurt*** *geflüchtet, nachdem sie hier mit Henricus Urbanus ein Jahr voller Unruhe und Ungewißheit durchlebt, zugleich etliche Reinhardsbrunner Mönchen auf Befehl des Kurfürsten im* ***Augustinerkloster zu Gotha*** *Aufnahme gefunden, wo sie, da sie sich der schon 1524 durch Friedrich Mecum* vorgenommenen Reformation dieses Klosters nicht widersetzen, ihr Leben lang einen Unterschlupf, auch ihren Unterhalt haben. Dann treten sie, einer nach dem andern von dem Schauplatz ihres bescheidenen und zuletzt nur noch beschaulichen Lebens ab."*

(Kloster und Ort Georgenthal;l Band 2)

* „Friedrich Myconius (* 26. Dezember 1490 in Lichtenfels; † 7. April 1546 in Gotha) war ein lutherischer Theologe und Reformator in Gotha." *(Wikipedia)*

Die Schneidemühle wurde möglicherweise durchgehend von 1505 bis 1532 von Erfurt betrieben. Auch wenn man nicht immer für den Eigenbedarf Holz sägte, waren Lohnschnitte für andere Kunden möglich. Es wurden z. B. die Bloche aus dem Seeberger-Holz für Seebergen in Finsterbergen bearbeitet.

1686, 12. Juli

Durch Wasser (der Apfelstädt) weggerissener Stein gegenüber herrschaftlichen (Kreuz-) Hammer 20. September anno 1671 neu gesetzter Stein. *(StAE; 1-3 Ermstedt A 126)*

Schäden durch Hochwasser waren in den Jahrhunderten immer wieder zu beklagen. Neben Trinkwasser war auch der Hochwasserschutz bei dem Bau der „Alten Tambacher Talsperre" an der Apfelstädt und im Bereich des Mittelwassers sowie bei der Schmalwassertalsperre am Schmalwasser wichtig. Als verheerendstes Hochwasser der „jüngeren Geschichte" ist hier die **Thüringer Sintflut vom 29. Mai 1613** zu nennen. Über weiten Teilen des Thüringer Beckens und angrenzend kam es zu übermäßig starken Regenfällen. Besonders verheerend war der Bereich der Ilm betroffen.

„In einem Brief an den Hausmeister des Georgenthaler Hofes in Erfurt berichtete Bruder Mutian über ein Hochwasser, das im Jahre **1513** im Kloster Georgenthal große Schäden hinterließ: *Eine große Wasserfluth, ja fast Überschwemmung, größer als sich schildern läßt, hat eurem Kloster Schaden zugefügt ... mit ... Noth konnten die heiligen Gewänder, die Altäre, die alte Bücherei und die zweispitzige Mitra vor Beschädigung bewahrt werden.* Schäden entstanden an Gebäuden, den Fischteichen und den Klostermauern."

Nachfolgende Hochwasserzitate entnommen: ***Die Apfelstädt – Ein Fluß im Wandel der Zeiten***

„In der *Beschreibung des Kirchen und Schulenstaats im Herzogtum Gotha* werden einige Schadwasser genannt.

1680
„*Der Fluß, Schmalwasser genannt, der durch das Dorff gehet, hat verschiedenmale auch Schaden verursacht, sowohl an Wiesen als an Häusern. Besonders aber sind im Jahr sechs-zehnhundert und etliche achtzig durch dieses Wasser 4 Häuser und eine Schmiede-Esse weggerissen worden, daß man den SchmiedeAmbos, nach dem Fall des Wassers, beynahe eine halbe Viertelstunde unter dem Dorffe wieder gefunden hat*"

„*das zwischen dem **13. und 14. December** 1753... von dem starken Wald-Schnee, welcher vermittels eines Südwindes gar zu schnell geschmolzen, aufgeschwollene Gewässer, welches noch weit größer und stärker angelauffen, als die beiden vorigen, und daher auch so gewütet...*"

„*... in den **1772**ten Jahre, im Monat Julio und Augusto, und also binnen 4 Wochen, bey anhaltenden starken Gewitter-Regen, zweymal das Wasser in dem Grunde von Tambach herunter, dermassen angelaufen, daß ein großer Schaden an den schönen Wiesen, auch an einigen Gebäuden und Gärten, sonderlich an der Papier-Mühle geschehen...*"

„Immer wieder traten auch im 19. Jhd. Überschwemmungen auf, so 1846, 1852, 1854, 1882 und 1890. Es gab immer wieder Schäden an Brücken, Gebäuden, Straßen und Wegen, aber auch Todesopfer waren zu beklagen: „*In der Nacht vom 23. zum 24. November (**1890**) trat ein furchtbares Hochwasser ein, wobei Bäche zu reißenden Strömen anschwollen. Der 17jährige Heinrich Lips glitt bei der Bergung von Holzvorräten neben der Spitter aus und wurde von den Fluten mitgerissen. Der nach-springende Vater konnte ihn nicht mehr retten. Seine Leiche wurde am anderen Tag unterhalb des Ortes von Sand und Steingeröll bedeckt, aufgefunden...*".
„Auch in den letzten Jahrzehnten kam es wiederholt zu Überschwemmungen im Quellgebiet der Apfelstädt. So zum Beispiel **1926,** als durch ein Hochwasser im Juli die Spitter Baumstämme mit sich führte und Gebäude dadurch gefährdet wurden. Ebenso **1981**, als in der Nacht zum 10. August ergiebige Niederschläge bis zu 210 Liter pro Quadratmeter zu einem starken Hochwasser führten. Der Spittergrund war vollständig überschwemmt, Ufer und Straßen wurden zum Teil sehr geschädigt. Ein dort befindliches Ferienlager musste geräumt werden. Das Mühlgrabenwehr an der Apelstädt (im Grund) wurde durch die Gewalt des Wassers weggerissen. Immerhin hatte die Apfelstädt einen Pegelstand von 2 m über Normal."

1761, 26. Mai Lehenbrief die Herschaft Ermbstedt über einen flecken Waldes
(StAE 1 – 3 Ermstedt A 146)

In einem Schreiben vom **22. Juni 1912** im Stadtarchiv-Erfurt wird berichtet:
Dem Gemeindevorstand eröffnen wir auf seinem Bericht vom 12. Juni 1912, daß die Eintragung des Ermstedter Waldes in das Forstlagerbuch auf Grund des Waldschutzgesetzes vom 19. Juli 1904 No. 18 der Gothaischen Gesetzessammlung erfolgt ist.
(StAE; 1-3 Ermstedt A 76)

Grund und Hypothekenbuch
für
den Ort und die Flur
Georgenthal

Band A

Deckblatt Grund- u. Hypothekenbuch Band A des Grundbuchamtes Gotha

Um aktenkundige Informationen zu erhalten, wurde eine Anfrage an das Grundbuchamt beim Amtsgericht Gotha gemacht. Hierzu folgende **Eintragungen im Grundbuch**.

Mit Eintragung vom 1. September 1870 besitzt die Gemeinde Ermstedt die Teile A, B und C des Grundbuches ***seit unvordenklicher Zeit***.
Die Flächen A bestehen aus 8 Acker und 100,2 Quadratruten = 197,8 Ar Grummetswiese auf der Krebswiese. *(Grummet ist der zweite Grasschnitt bei der Heugewinnung)*
B sind 16 Acker 101,2 Quadratruten = 379,6 Ar Stadelholz an der Tambacher Chaussee.
Die Fläche C besteht aus 108 Acker, 101,6 Quadratruten = 2468,0 Ar Holzung ingleichen 3 Acker 68,5 Quadratruten Wege und Blößen.

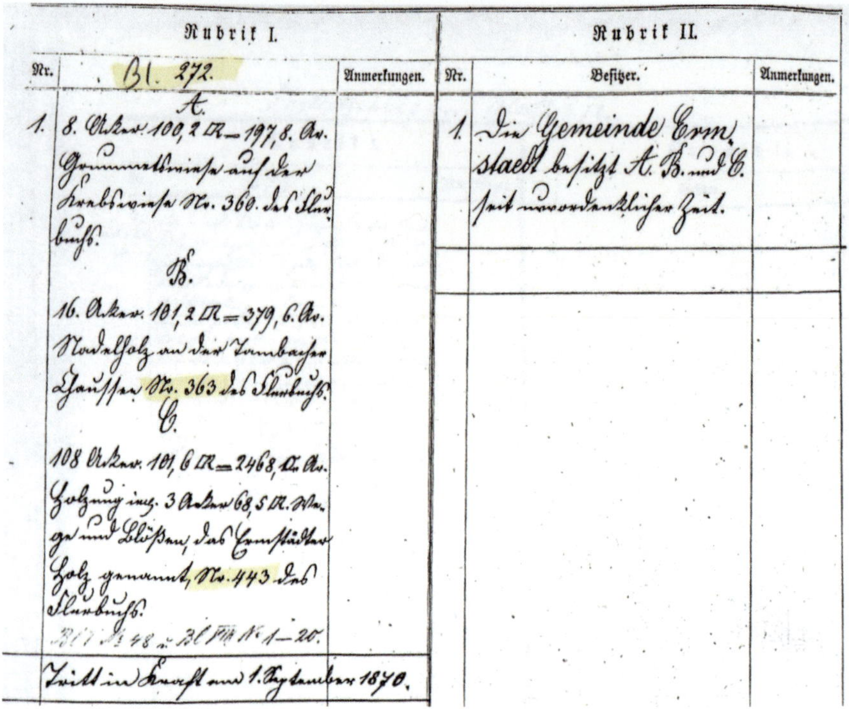

Ausschnitt aus dem Grundbuch Band A Grund- u. Hypothekenbuch des Grundbuchamtes Gotha

Nach mündlicher Überlieferung sind die Waldgerechtigkeiten bei Georgenthal im Zusammenhang mit der Bodenreform 1945/46 aufgehoben worden.

Nach den Eintragungen von 1961, 1963 und 1975 im Grundbuch ist die Waldfläche der LPG „Vorwärts“ Typ III in Ermstedt zugehörig und als Nutzer der StFB- (Staatlicher Forstwirtschaftsbetrieb) Gotha eingetragen. Dies betrifft die Hauptfläche von 23 ha, 80 ar und 64 qm, die Fläche zwischen Straße und der Koppel der Schlöffelsmühle mit 3 ha, 53 ar und 27 pm, sowie zwei Stücke mit 31 ar und 96 qm und 8 pm, insgesamt 27 ha, 65 ar und 95 qm.

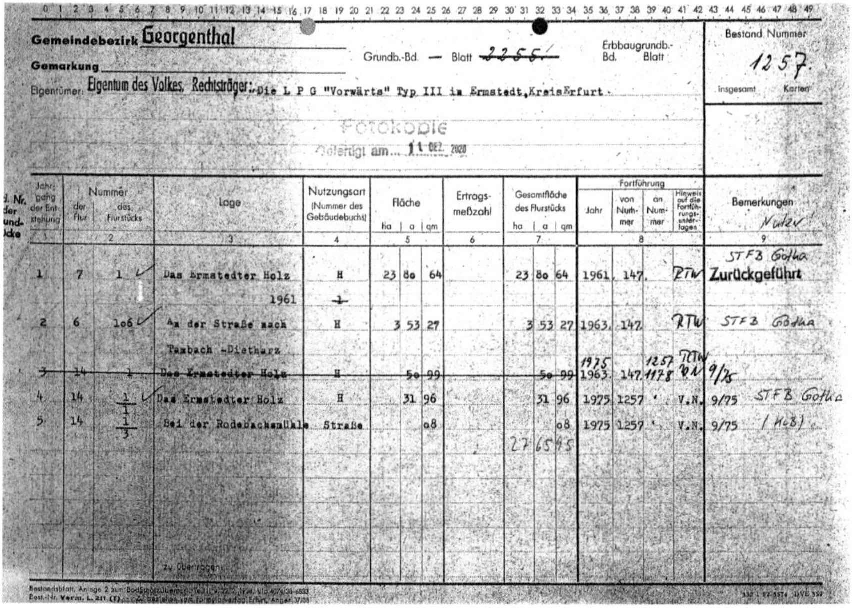

Gemeindebezirk Georgenthal Grundb.-Bd. — Blatt ~~2255~~ Erbbaugrundb.-Bd. Blatt | Bestand Nummer 1257 insgesamt Karten

Gemarkung

Eigentümer: Eigentum des Volkes, Rechtsträger: Die L P G "Vorwärts" Typ III in Ermstedt, Kreis Erfurt.

Fotokopie gefertigt am 11 DEZ. 2020

Lfd. Nr. der Grundstücke	Nummer der Flur	Nummer des Flurstücks	Lage	Nutzungsart (Nummer des Gebäudebuchs)	Fläche ha	a	qm	Ertragsmeßzahl	Gesamtfläche des Flurstücks ha	a	qm	Fortführung Jahr	von Nummer	an Nummer	Hinweis auf die Fortführungsunterlagen	Bemerkungen Nutzer
1	2		3	4	5			6	7			8				9
1	7	1	Das Ermstedter Holz 1961	H ~~1~~	23	80	64		23	80	64	1961	147		RTW	STFB Gotha Zurückgeführt
2	6	106	An der Straße nach Tambach-Dietharz	H	3	53	27		3	53	27	1963	147		RTW	STFB Gotha
~~3~~	~~14~~	~~1~~	~~Das Ermstedter Holz~~	~~H~~		~~50~~	~~99~~			~~50~~	~~99~~	1975 1963	147	1257 1178	RTW VN	9/75
4	14	1/1	Das Ermstedter Holz	H		31	96			31	96	1975	1257	'	V.N.	9/75 STFB Gotha
5	14	1/3	Bei der Rodebachsmühle	Straße			08				08	1975	1257	'	V.N.	9/75 (HCB)
									27	65	95					

zu übertragen

Grundbucheintragungen (Amtsgericht Gotha, Grundbuchamt)

Nach der Wende 1989 stellte die Gemeinde Ermstedt bei der Treuhandanstalt den Antrag auf Rückübertragung. Hierzu erging am **06. April 1993** der Präsidentin der Treuhandanstalt, Direktion Kommunalvermögen, folgender Bescheid:

In dem Verfahren zur Feststellung des Restitutionsanspruch der ***Gemeinde Ermstedt*** *wird auf Grund des Antrages vom 1.12.1992 entschieden:*

I. Nachfolgende Vermögenswerte werden gem. den Artikeln 21 Abs. 3 und 22 Abs. 1 Satz 7 des Einigungsvertrages in das Eigentum der Gemeinde Ermstedt zurückübertragen:

- der Wald mit 27,3391 ha

-Grundstücke/Liegenschaften:

Grundbuchblatt	*Gemarkung/Flur*	*Flurstück-Nr.*	*Fläche in ha*
2039	*Georgenthal / 6*	*106, 1257*	*3,5327 Nr. 2*
2039	*Georgenthal / 7*	*1*	*23,8064 Nr. 1*

II. Diese Übertragung erfolgt unbeschadet der Rechte Dritter, namentlich etwaiger Restitutionsansprüche nach dem Vermögensgesetz.

III. *Es wird dem Grunde nach festgestellt, daß zu dem unter I. genannten Vermögenswert auch Forderungen und Verbindlichkeiten sowie Rechte und Pflichten aus Schuldverhältnissen gehören. Die Konkretisierung der Forderungen und Verbindlichkeiten der Höhe nach bleibt einem ergänzenden Bescheid vorbehalten.*
Zu den Rechten und Pflichten aus Schuldverhältnissen gehören insbesondere die Übernahme laufender Wirtschafts- und Nutzungsverhältnisse sowie die Übernahme etwaiger Arbeitnehmer mit allen Rechten und Pflichten aus den bisherigen Arbeitsverhältnissen.
Laut Mitteilung des Direktorates Land- und Forstwirtschaft der Treuhandanstalt betragen die zurechenbareren Altkredite und Bewirtschaftungskosten für die mit diesem Bescheid zugeordneten Flächen voraussichtlich 15.720,80 DM...

In der Begründung heißt es unter anderem dazu:
Der unter Ziffer I des Bescheides übertragene Vermögenswert ist der Antragstellerin gemäß Artikel 21 Abs. 3 in Verbindung mit Artikel 22 Abs. 1 Satz 7 Einigungsvertrag in Verbindung mit § 1 Abs. 1 und Abs. 4 Vermögensordnungsgesetz (VZOG) zu übertragen, da die Antragstellerin nachgewiesen bzw. glaubhaft gemacht hat, daß der übertragene Vermögenswert als ehemaliges Eigentum der Antragstellerin ***unentgeltlich in Volkseigentum überführt worden*** *ist.*

Bei der Eintragung im Grundbuch von 2003 ist die Gemeinde Ermstedt Eigentümer. Bewirtschaftet wird der Wald von der „Forstbetriebsgemeinschaft Totenkopf - Vitzerod“ Günthersleben – Wechmar“. Zu den 10 Gründungsmitgliedern von 1993 gehört auch die Kommune Ermstedt.

5. Weitere Waldrechte

1119 Mai

Adelbert, Erzbischof von Mainz und apostolischer Legat, bestätigt dem ***Marienstift zu Erfurt*** *unter Probst Emrico den Besitz von 10 Kirchen, 2x Apolda, Rottdorf, Hetschburg, Berka, Griesheim, Marlishausen, Luibretheroth, Bösleben und Ramsla,* ***eines Waldes zu Tiefengruben*** *und* ***eines Waldes, der sich bis Welemannesdorph? ausdehnt****, sowie der Ministerialien Helewig mit seinen Brüdern und Schwestern und der Brüder des Herren Altmann mit ihren Eigengütern, die insgesamt mit dem Marienstifte ein thüringischer Edler (in partibus Turingie quidam nobilis miles Christi), der von freien Eltern stammende Graf Wichmann, geschenkt hat, der, da kinderlos, regulierter Chorherr geworden ist und verschiedene Kirchen mit seinen Gütern ausgestattet hat.*

Zeugen: Bischof von Speyer, Reinhard, Bischof von Halberstadt, Embrico, Propst des Marienstifts zu Erfurt und seine Brüder: Diethold, Dechant, Gelpern, Archipresbyter, Erwin, Kustus, Adelger: die Grafen Ludwig und Wiprecht, die Söhne Ludwigs: Ludwig u. Heinrich, Hermann v. Gudensberg, Gebhard, Dietmar v. Rosla, Christian u. Adelger, Christian u. Unarg; "de familia autem": Wolferich, Rüdiger, Recher, Konrad, Sigebold, Adelbert, Adelbero. *(Dob. Band. 1 Nr. 1138)*

1198 August 9.

König Otto IV. verleiht dem Abte Heinrich von ***sankt Jacob zu Erfurt*** (Schottenkloster; d. Verfasser) *und seiner Kirche das Forstlehen (feudum foresti, quod vulgo dicitur) mit dem* ***Jagdrechte und der Wildbahn****; bestätigt derselben Kirche alle alten und neuen Besitzungen, sowie die Gerichtsbarkeit.* *(Dob. Band 2 Nr. 1186)*

Diese Urkunde bezeugt, wie das Herrschaftliche Regal der Hohen Jagd auf Hochwild, Hirsch, Reh, Wildschwein usw. an einen kirchlichen Würdenträger übergeben wurde. Bei der *Wildbahn* wird es sich wohl um den Wildbann handeln, der anderen Personen die Jagd versagt und diese vom Wald bannt.

1248/1249 März 9.

Verzeichnis der noch nicht getilgten ***Schulden des Erzbischof Siegfried III. von Mainz in Erfurt****: (bei 17Adligen und Bürgern) ..., insgesamt 182 3/4 Mark, wofür der Erzbischof (Siegfried III.) den* ***Wald Wanwith (Steiger?)*** *setzt, falls Zahlung nicht bis November 11. geleistet wird.* *(Dob. Band 2. Nr. 1680)*

1256

Erfurt bei der Schottenkirche; Beringer und Ludwig, Gebrüder von Atzmannsdorf, Söhne des Kämmerers Ludwig von Mellingen, verkaufen an die ***Erfurter Bürger*** *Eberhard von Wechmar und Dietrich Richards Sohn für 26 1/2 Mark Silber ein von Friedrich des Älteren, Graf von Beichlichen, zu Lehen rührendes und* ***60 Acker haltendes Gehölz*** *bei dem* ***zwischen Waltersleben und Egstedt gelegenen Wäldchen Wawid****, deren Lehenrecht sie an Reinbodo Weiße, seinen Sohn Konrad, Günther Albods Sohn und Dietrich den Älteren übergeben, geloben, den genannten Grafen zu ersuchen, den Käufern das Lehensrecht zu übergeben...* *(Dob. Band 2 Nr. 2449)*

1256 September 27.

Erfurt bei der Kaufmännerkirche; Beringer und Ludwig, Gebrüder von Azmannsdorf, Söhne des Kämmerers Ludwig von Mellingen, bekennen, an die ***Erfurter Bürger*** *Eberhard von Wechmar und Dietrich, Richards Sohn, für 61 Mark Silber* ***136 Acker Holz bei dem Walde Wawith****... verkauft ... übergeben zu haben* *(Dob. Band 2 Nr. 2468)*

1379 Dezember 30.
Günther, Graf von Käfernburg, bekundet, dass die ***Brüder Gunther und Dietrich Schenk, Bürger zu Erfurt****, ihm die 10 Schilling Erbzins von* ***62 Acker Holz bei Eichelborn*** *abgekauft haben, dass aber Gunther Schenk noch einen Zins von 2 Weingärten am Dornheimer Wege zu entrichten schuldig ist. -An deme nesten fritage noch dez heligen Cristen tag.* *(StAE 0-1/13-56)*

1381 September 19.
Erzbischof Adolf von Mainz erlaubt dem ***Erfurter Bürger Dietrich Schenke*** *„für sonderliche Dienste und Freundschaft“* ***lebenslänglich jedes Jahr einen Acker Holz in der Wanwet zu schlagen****.*
(Artikelserie „Beobachtungen im Steiger“ Nr. 10 der Thüringer Landeszeitung der 1980er Jahre)

6. Nachtrag

Wie voranstehende Zeilen zeigen, sind es oftmals die unbeachtet am Weg stehenden „**Stummen Zeugen**“ – die Grenzsteine – wert, genauer zu betrachten, ihre Aussagen und Bedeutung zu ergründen. Dies geht aber nur Dank der in den verschiedensten Archiven und Museen befindlichen Archivalien. Bei der Recherche hat sich gezeigt, dass es in den Bundesländern sehr unterschiedliche Aufbereitungen, insbesondere digitaler Art, gibt. In Thüringen gibt es z.B. im Vergleich mit Hessen großen Nachholebedarf. Leider leiden die Thüringer Staatsarchive und deren Bestände durch den verordneten Personalmangel. Ihre Vielzahl in Thüringen ist ja der früheren Kleinstaaterei zu verdanken. Es bleibt zu wünschen, dass, trotz aller gesellschaftlicher Anforderungen, Archive als ein besonderes Gedächtnis unserer Entwicklung gut erhalten werden.

Wie die archivierten Grenzbeschreibungen mitteilen, war es schon früher immer wieder notwendig, die Grenzlinien zu kontrollieren und die Steine an Grenzpunkten zu pflegen. Sei dies durch Erneuerung der Gravuren, die Richtung versunkener oder schiefer Steine oder Beschaffung und Setzung neuer Grenzzeichen.
Diese zeitlich engmaschinge Kontrolle durch die vielen Grenzbeauftragten und Feldgeschworenen der Gemeinden und der Forstverwaltung gibt es seit mehreren Jahrzehnten nicht mehr. Die Nutzung und Kontrolle wird durch die Waldbesitzer, die Forstverwaltungen, in erster Linie durch die Förster und Landvermesser gewährleistet. Die Hauptaufgabe für den Schutz der Grenzsteine als Kleindenkmale obliegt dem Landesamt für Denkmalpflege und Archäologie (TLDA) mit Sitz in Weimar.

Im Jahr **2013** brachte das **TLDA** mit **Thüringen Forst** die Broschüre **Forstwirtschaft und Bodendenkmalpflege – Denk mal an die Denkmale im Wald** heraus.

Hier ist bei *Bodendenkmalpflege* von I. Spazier und Th. Grasselt anfangs zu lesen: **„In unseren Wäldern verborgen liegt ein hochwertiges Archiv an archäologischen Denkmalen, das in seinem Bestand unbedingt zu erhalten ist. Diese Bodendenkmale sind wichtige Zeugnisse der heimischen Geschichte und Hinterlassenschaften der in Thüringen siedelnden Menschen.“**

Unter den aufgelisteten 11 Beispielgruppen für Bodendenkmale befinden sich unter *Rechtsdenkmalen*, die Grenzsteine.

Leider klafft zwischen dem formulierten Anspruch und der Realität die Lücke mit zu wenig Personal (und wohl auch Geld), so dass schon bei der Standorterfassung der Grenzsteine mit GPS mit auf ehrenamtliche Helfer gesetzt wird. Die Kennzeichnung der Grenzsteine in den Beständen sollen die Waldbesitzer durchführen. Vereinzelt gibt es durch Pfähle sichtbar gemachte zu schützende Objekte, insbesondere im Winter am Rennsteig (ca. 1300 Steine), damit kein Schaden durch die Pistenbullis entstehen kann. Diese Kennzeichnung ist für alle in den Wäldern befindlichen Grenzsteine einheitlich zu wünschen, was bei mehreren Tausend Grenzsteinen im Thüringer Wald ein Mammutprojekt für viele Hände wäre.

Ich möchte hier eine Lanze für die Förster brechen. So weit ich es durch meine Erfassung in den Wäldern beurteilen kann, beachten die allermeisten Förster die Grenzsteine und machen sie zumeist mit wasserbasierter Signalfarbe sichtbar. Nicht die beste Lösung für Denkmale, aber wenigstens markiert. Nun sind in den Jahrzehnten nach der „Wende“ die

Reviere in der Regel doppelt so groß geworden wie zuvor. Durch die gegenwärtigen Probleme mit Trockenheit und Borkenkäferschäden hat sich die Arbeitsbelastung für die Förster weiter gesteigert. Und der vermehrte Einsatz von auswärtigen Forstdienstleistern mit Großtechnik macht eine Aufklärung und Kennzeichnung der Kleindenkmale im Einzelnen notwendig. Hut ab dafür!

Die Unwissenheit und die Großtechnik hat in meinem Untersuchungsgebiet vereinzelten zu Schäden geführt, die bei Kenntniss der Standorte der Grenzsteine vermeidbar gewesen wären.

Es bleibt zu hoffen, dass sich in Zukunft mehr um die Grenzsteine gekümmert wird und eine Lösung, für die aus ihrem Standort verschleppten, im Wald liegenden Steine gefunden wird, um diese neu zu setzen.

Danksagung

Mein Dank gilt den Mitarbeiterinnen und Mitarbeitern in dem Landesarchiv Thüringen-Staatsarchiv Gotha, im Stadtarchiv Erfurt, Bistumsarchiv Erfurt, im Landesarchiv Sachsen-Anhalt Wernigerode, dem Stadtmuseum Erfurt „Haus zum Stockfisch“ und dem Thüringer Landesamt für Bodenmanagement und Geoinformation – Katasterbereich Gotha sowie dem Amtsgericht Gotha für die geleistete Unterstützung. Mein besonderer Dank gilt den Rat und Tat Leistenden Mitarbeitern im Forstamt Finsterbergen, im Forstamt Willroda und dem Revierleiter des Reviers Weimar. Außerordentlich Danke ich dem Verein für Heimatgeschichte und Archäologie St. Johannes Altenbergen / Catterfeld e.V. für Korrekturlesen und die Bereitstellung der finanziellen Mitteln, ohne die das Buch nicht erschienen wäre.

Reiner Klein im Oktober 2023

Abkürzungen

AGL	Adel im Gothaer Land Fürsten, Grafen u. Herren von 722 bis 1919; URANIA Kultur- u. Bildungsverein Gotha e.V.
BAE	Bistumsarchiv Erfurt
DHStA	Dresdner Haupt - Staats-Archiv
Dob.	**Regesta diplomatica necnon epistolaria historiae Thuringiae** von Otto Dobenecker
LASAW	Landesarchiv Sachsen-Anhalt Wernigerode
Muth; 1803	Muth, Placidus: Ueber den Einfluß des vormaligen Peterklosters Benedictiner - Ordens zu Erfurt, auf religiös - moralische und wissenschaftliche Kultur nach den verschiedenen Zeitaltern von seiner Entstehung an bis zu seiner Aufhebung 1803
MVGAE	Mitteilungen des Vereins für Geschichte und Altertumskunde von Erfurt; 13. Heft 1887; Abschnitt: Geschichtliche Darstellung des Gebietes der Stadt Erfurt und der Besitzungen der dortigen Stiftungen; W. J. A. Freiherr von Tettau
Samml.	Sammlung
StAE	Stadt - Archiv Erfurt
LATh-StAG	Landesarchiv Thüringen-Staatsarchiv Gotha
ThStW	Landesarchiv Thüringen-Hauptstaatsarchiv Weimar
TLBG	Thüringer Landesamt für Bodenmanagement und Geoinformation
Urk.	Urkunde
UstE	Urkundenbuch der Stadt Erfurt von Carl Beyer

Literaturliste

Amling	Helmut	Der Freiwald; in: Der Friedenstein; Gotha 1961
Beck	August	Geschichte des Gothaischen Landes; Gotha 1868 – 1875
Beyer, C./ Biereye, J.		Geschichte der Stadt Erfurt von der ältesten bis auf die neueste Zeit
Brandt	Eberhard	Die „Freiwaldgerechtigkeit der 7 Dörfer", ein historisches Holzrecht; Eigenverlag, Pferdingsleben 2017
Burkhardt	Hartmut	„Zur Geschichte des Freiwaldes", Schriften-sammlung zum Vortrag am 12.03.2004
Cölln/Klein/Kühnel		Der Freiwald der 7 Ortschaften Cobstädt, Grabsleben, Pferdingsleben, Siebleben, Tröchtelborn, Tüttleben und Uelleben in Thüringen; Bad Langensalza 2022
Dobenecker	Otto	Regesta diplomatica necnon epistoria historiae Thurungia; Jena 1895-1939
Gerbing	Luise	Die Flurnamen des Herzogtums Gotha und die Forstnamen des Thüringer Waldes; Jena 1910
Heß	Heinrich	Der „Freiwald" bei Georgenthal; in: Zeitschrift für Thüringische Geschichte und Altertumskunde; Neue Folge, Band 10/ Jena 1897
Jonscher/Reinhard		Kleine thüringische Geschichte, vom Thüringer Reich bis 1990; Jena 2005
Kahl	Wolfgang	Ersterwähnungen Thüringer Städte und Dörfer bis 1300; Bad Langensalza 2001
Löffler	Sigmar	Geschichte der Stadt Waltershausen Band I, Teil 2
Mehnert	Herbert	Leinatal bei Finsterbergen einzig-schön-sagen-umwoben; Selbstverlag
Oschmann	Martin	Ludwig der Springer und seine Zeit 1038 – 1123, Von der Gründung der Wartburg, der Klöster Reinhardsbrunn und Georgenthal; Bad Langensalza 2001

Raßloff	Steffen	Mitteldeutsche Geschichte; Sachsen, Sachsen-Anhalt, Thüringen; Leipzig 2016
Raßloff/Gebhard		Die Thüringer Landgrafen, Geschichte und Sagenwelt; Ilmenau 2017
Reitz	Gerd	Rund um die Käfernburg – Streiflichter aus der zwölfhundertjährigen Kirchengeschichte des Kirchenkreises Ohrdruf; Weimar, Jena 1994
Riese	Christian	Ortsnamen Thüringen; Landkreis Gotha; Hamburg 2010
Rothe	Johann	Düringische Chronik 1421 Thüringische Geschichtsquellen Bad Langensalza 1859
Simmerding	Franz X.	Grenzzeichen, Grenzsteinsetzer und Grenzfrevler; München 1996
Stapff	Ilse-Sibylle	Jagd im Weimarischen Land; Weimarer Schriften, Weimar 1992
Stiehler	Heinrich	Kloster und Ort Georgenthal, Ein Streifzug durch die einzelnen Zeiten von den Anfängen bis 1891; Reprint, Bad Langensalza 2020
Thüringen Forst/ Thüringisches Landesamt für Denkmalpflege und Archäologie		Forstwirtschaft und Bodendenkmalpflege – Denk mal an die Denkmale im Wald; Gotha 2013

Bisher beim Verein für Heimatgeschichte und Archäologie St. Johannes Altenbergen / Catterfeld e.V. erschienene Werke:

Ein Christliches Denkmal am Ort der auf Bonifacius vermutlich zurückgehenden Johanneskirche bei Altenbergen.

Marx, Pracht, Strickhausen
136 Seinten,
ISBN 978-3-86777-459-8

Heimatgeschichte Nr. 1
Die Hexenverfolgung im Amt Georgenthal im 16. bis 18. Jahrhundert.
Marx, S.
(Vergriffen)

Heimatgeschichte Nr. 2
Zwei Catterfelder Fabriken und ihre Geschichte
Die Catterfelder Puppenfabrik
Die Firma Max Scharf
Marx, S., Scharf L. und M.
(Vergriffen)

Heimatgeschichte Nr. 3
12 Pfarrerpersönlichkeiten im Bereich von Georgenthal und ihre Wirkung in die Gesellschaft.
Hill, Marx, Pracht; 72 Seiten

Die Hefte der Heimatgeschichte sind zu beziehen beim:
Verein für Heimatgeschichte und Archäologie St. Johannes Altenbergen / Catterfeld e.V.
info@gv-altenbergen-catterfeld.de